Helmut Haarich

Die häufigsten Baufehler – Bauschäden
Ratgeber fürs Ein- und Zweifamilienhaus

CIP-Kurztitelaufnahme der Deutschen Bibliothek:

Haarich, Helmut:
Die häufigsten Baufehler – Bauschäden.
Ratgeber fürs Ein- und Zweifamilienhaus
Helmut Haarich. – Original-Ausgabe –
Köln: R. Müller 1987

ISBN 3-481-25521-7

ISBN 3-481-25521-7

Originalausgabe

Konzeption und Redaktion: Joachim Schmidt
Zeichnungen: Dietmar Lochner, Hamburg
Umschlaggestaltung: Steffen Missmahl, Köln
Innenlayout: Günther Albrecht, Kerpen
Lektorat: Rolf Gorol, Köln
Satz: Satzstudio Widdig, Köln
Druck: Druck- + Verlagshaus Wienand, Köln
Printed in Germany

Helmut Haarich

Die häufigsten Baufehler – Bauschäden

Ratgeber fürs Ein- und Zweifamilienhaus

Rudolf Müller

Meinen Dank möchte ich Herrn Joachim Schmidt aussprechen für seine aktive Mitarbeit beim Verfassen der Texte.
Seine tatkräftige Unterstützung hat die Realisierung dieses Buches erst möglich gemacht.

INHALT

Einleitung 6

Planungsfehler 8
- Baugrund und Tragfähigkeit 10
- Falsche Fundamente 12
- Dehnungsfugen im Mauerwerk 14
- Dehnungsfugen im Flachdach 16
- Flachdachaufbau bei Warmdächern 18
- Lüftung im Kaltdach 20
- Dachüberstand 22
- Berücksichtigung von Durchbiegungen 24
- Balkon als Kältebrücke 26
- Fehlende Tropfkanten 28

Dach und Fassade 30
- Kupfer- und Zinkbauteile 32
- Kellerfenster 34
- Anschlüsse an Fenster und Türen 36
- Mauerwerksstürze 38
- Sperrfolien im Mauerwerk 40
- Ausführung von Luftschichten 42
- Verfugung von Sichtmauerwerk 44
- Fassadenanstriche 46
- Außenputz 48
- Randdichtungen im Dachbereich 50
- Verbretterungen 52
- Isolierglas 54
- Aussteifung gegen Winddruck 56

Innenausbau 58
- Dampfsperren bei Leichtbauwänden 60
- Innendämmung 62
- Leichtbauwände 64
- Leichtbauwände - Schalldämmung 66
- Spachtelungen bei Gipskartonplatten 68
- Fußböden - Schalldämmung 70
- Untergrund von Fliesenböden 72
- Haften von Wand- und Bodenfliesen 74
- Fliesen - Trittfestigkeit 76
- Sicherheit im Gebäude 78
- Schlösser, Riegel und Beschläge 80

Installationen 82
- Zuwasserleitungen und Warmwasserbereitung 84
- Isolierung von Rohren 86
- Strömungsgeräusche und Wasserdruck 88
- Schallschutz bei Abwasserrohren 90
- Stromkreis und Erdung 92
- Einrichtungen in Zuwasserleitungen 94
- Leuchtenüberlastung 96

Raumklima und Heizung 98
- Luftaustausch 100
- Raumklimaprobleme 102
- Kellerausbau zum Wohnen 104
- Standorte von Heizkörpern 106
- Ungenaue Heizungsregelung 108
- Schornstein-Probleme 110
- Anstriche und Gesundheit 112
- Zuluft bei Gasfeuerstätten 114
- Der offene Kamin zieht nicht 116

Außenanlagen 118
- Fehlende Drainage 120
- Rohrrevision 122
- Frostschutz von Leitungen 124
- Wurzelschutz von Fundamenten 126
- Ableitung von Stauwasser 128
- Tragfähigkeit von Auffahrten 130
- Außenbeleuchtung und Steckdosen 132
- Holzteile im Erdreich 134
- Mauerabdeckungen 136
- Gartenbepflanzung 138

Schlußwort 140

Stichwort 143

EINLEITUNG

In den letzten dreißig Jahren hat die Bautechnik einen riesigen Sprung nach vorn getan. Neue Baustoffe wie Faserzement, Sperrholz, Mineralwolle und der große Bereich der Kunststoffe, PVC, Hartschaum und Acryl, haben dazu geführt, das jahrhundertealte Wissen früherer Baumeister zu verdrängen und neuen Techniken den Vorzug zu geben.
So wird heute mit Bauchemie und Pilztod ein Haus gesichert. Das geht schneller und ist zudem preiswerter als die traditionellen Baumethoden, sagt man.
Doch viele dieser heutigen Methoden funktionieren nur ein paar Jahre; meist nicht viel länger als die Gewährleistungsfrist ausmacht. Dann hat der Bauherr den Schaden und muß selbst sehen, wie er sein Haus schützt.
Vergleicht man hingegen alte Bauernhäuser, Villen der Jahrhundertwende oder Bürgerhäuser der 30er mit Gebäuden aus den 60er Jahren, wird man immer wieder feststellen, daß die Bausubstanz der alten Häuser, selbst ohne regelmäßige Renovierungen, dem Zahn der Zeit besser widerstanden hat als viele moderne Konstruktionen.
Nun wäre es ja naheliegend, einfach die Kenntnisse und Erfahrungen der früheren Baumeister und Handwerker aufzugreifen und Häuser wieder nach den alten Baumethoden und Konstruktionen zu bauen.
Doch hier spielen die heutigen Bauvorschriften und Normen nicht mit. Denn dem Wandel der Bautechnik haben sich auch die Bauvorschriften angepaßt:
Wer heute so baut, wie noch vor 50 Jahren üblich, wird zwar ein grundsolides Haus bekommen, jedoch nicht den Segen der Baubehörde.
Was so schon unlogisch erscheint, wird zu einer bitteren Erkenntnis, wenn man, wie ich, über 20 Jahre als Bausachverständiger täglich mit der praktischen Auswirkung konfrontiert wird:
Die modernen Baukonstruktionen sind nicht mängelfrei.
Um diese Mängel einzugrenzen und auch um juristisch Schuldzuweisungen aussprechen zu können, werden dafür Bauvorschriften erlassen, Normen ersonnen, Baugesetze mit Durchführungsverordnungen ergänzt.
Das Ergebnis ist zumindest zweifelhaft. Traditionelle Baukonstruktionen verschwinden aus den Vorschriften und die somit im Mittelpunkt stehende moderne Bautechnik wird in ein derartiges Paragraphendickicht eingebunden, daß jede Abweichung von der Norm zur Straftat wird.
Normengerechtes Bauen ist somit die Devise und das Entree für neue fehlerhafte Ausführungen und Konstruktionen.
Diese Normen lenken den Blick vom Zusammenwirken der Baustoffe und Konstruktionen ab auf einzelne, genormte Details.
Doch diese Fehler müssen nicht sein. Allen Normen zum Trotz gilt auch heute als Prämisse für den Hausbau, daß das Haus seine Bewohner vor Wind und Wetter schützen und ihnen das Wohnen angenehm und leicht machen soll.
Das Haus soll behaglich sein und nicht ein Leben lang Kosten verursachen.
Um das zu erreichen, gibt es eine Grundregel. Die heißt: einfache und solide Konstruktion. Dicke Mauern tragen und schützen ein Haus besser als ausgefeilte Sandwich-Konstruktionen, die für Schall- und Wärmeschutz, für Außen- und Innenverkleidung jeweils separate Schichten aufweisen und häufig in ihrer kom-

plizierten Herstellung den Handwerker überfordern.

Würde bei der Planung und Ausführung eines Hauses diese Grundregel stets beachtet, bin ich sicher, daß eine ganze Fehlergruppe aus meiner Auflistung verschwinden würde.
Diese Auflistung der Baufehler stellt sich zusammen aus meinen Erfahrungen. Es sind die Fehler, denen ich in meiner langjährigen Tätigkeit als Architekt und Bausachverständiger immer wieder begegnet bin und wohl auch weiter begegnen werde.
Ich hoffe, daß ich durch diese Zusammenstellung dem Leser die Fehlerquellen deutlich machen kann und auch die Zusammenhänge zwischen Konstruktion und genormten Konstruktionsdetails.
Es soll auch unterscheiden helfen, was als Bauschaden nun von einem Fehler herrührt und was von „Pfuscharbeit".
Denn auch ein Zeichen der modernen Bauweise ist die Eile. Zeit ist Geld, und sich dessen bewußt, können auch seriöse Handwerker schnell zu Akkordarbeitern werden.
Hier ließen sich schnell viele kleine bis große Mängel bei der Ausführung aufzählen. Und selbst Fertighäuser bleiben davon nicht verschont.
Dieses Buch hebt jedoch auf die wirklichen und wesentlich gravierenderen Baufehler ab.
Es soll zum einen dem Bauherrn, der mit seiner Familie und Fachleuten sein neues Haus plant, eine Checkliste sein, um die hier beschriebenen Baufehler schon in der Planung zu verhindern.
Es soll zum anderen dem Hausbewohner eine Hilfe sein. Wer mit dieser Checkliste durch sein Haus geht, wird nicht nur die Schwachstellen seines Hauses erkennen und beurteilen können, er wird vielleicht auch Fehler entdekken, die bislang verborgen waren oder als Ursache für immer wiederkehrende Bauschäden und Mängel gar nicht gesehen wurden.
Es soll schließlich auch beim Kauf eines Hauses auf die neuralgischen Stellen deuten, die, blieben sie unerkannt, schnell durch die notwendige Sanierung zur Kostenexplosion führten.
Jeder der hier aufgelisteten Bauschäden ist gegliedert nach den Stichworten „Fehler", „Folgen" und „Abhilfe" und in einer Zeichnung dargestellt.
Diese Zeichnungen dienen zur Übersicht und zum besseren Verständnis der Fehler- und Folgenbeschreibung.
Unter dem Stichwort „Abhilfe" werden in der Praxis erprobte Maßnahmen aufgezeigt. Dabei möchte ich jedoch betonen, daß damit nicht eine Aufforderung zur Selbsthilfe verbunden ist.
Der Handwerker und auch der erfahrene Heimwerker wird wissen, wie diese Maßnahmen durchzuführen sind. Greift jedoch der Unerfahrene aufgrund der ihm nun deutlich gewordenen Ursachen zur Eigeninitiative, können bei mangelhafter Ausführung neue und vielleicht noch größere Fehler entstehen.
Für denjenigen, der genau wissen will, welche Vorschriften über Material, Berechnung und Ausführung die Grundlage bilden, sind die wichtigsten Normen und Gesetze als viertes Stichwort bei jedem Fehler angegeben.
Wenn auch Normen im Streitfall die juristische Basis für die Lösung eines Bauproblems bilden, so dürfen dabei jedoch die eingangs dargestellten Gewichtungen und Zusammenhänge nicht außer acht gelassen werden.

PLANUNGSFEHLER

Nicht immer sind Planungsfehler so deutlich sichtbar wie zum Beispiel Türen mit falscher Schlagrichtung oder Treppen, deren Deckendurchbruch zu klein geraten ist und man deshalb den Kopf einziehen muß. Diese Fehler sind zwar ärgerlich und dürfen einem guten Planer eigentlich nicht passieren, aber man kann damit leben und sich letztlich an diese Unzulänglichkeiten gewöhnen.
Viel problematischer sind Fehler, bei denen nicht lediglich eine falsche Maßangabe schuld war, sondern bei denen ein echter Irrtum oder eine Fehleinschätzung vorliegt. Und das geschieht immer wieder.

Alles muß tragfähig und standsicher sein

Woran liegt es, wenn sich bereits wenige Jahre nach Fertigstellung des Hauses Risse in den Wänden zeigen? Oder weiße Ausblühungen an immer denselben Stellen im Ziegel-Sichtmauerwerk auftreten? Die Dachrinne sich zu verbiegen beginnt oder im Pflaster der Garagenauffahrt sich deutlich die Fahrspuren des Autos abzeichnen? Alles was gebaut wird, muß standsicher und tragfähig sein, so will es die Vorschrift.
In tausenden von technischen Angaben kann der Fachmann nachlesen, welche Kräfte einem Holzbalken zuzumuten sind oder ob nur ein Stahlträger die Last aufnehmen kann.
Doch auch die richtige Berechnung bietet nicht immer Gewähr dafür, daß nicht später Probleme auftauchen oder Schäden entstehen. Wärme, Kälte, Feuchtigkeit, Trocknung, Eigengewicht, Winddruck und Lasten von Menschen und Möbeln müssen in den Bauteilen aufgenommen und in ihren Wechselwirkungen bedacht werden.
Das Wissen um die Wirkung der Naturgesetze ist deshalb vorrangig wichtig.
So muß ein erfahrener Planer voraussehen, daß ein 20 Zentimeter Holzbalken, wenn er aus dem Sägewerk kommt, soviel Feuchtigkeit enthält, daß er, eingebaut im trockenen und beheizten Haus, in wenigen Jahren stark „schwindet“ und dann nur noch 18 Zentimeter dick sein kann. Diese wenigen Zentimeter Trocknung können aber große Schäden nach sich ziehen. Dachdichtungen an Anschlußkanten zu anderen Gebäudeteilen können abreißen oder es entstehen Fugen, durch die Wind pfeift.

Statik kontra Naturkräfte

Der Wechsel von Kälte und Wärme macht ähnliche Probleme. Weniger im Inneren des Gebäudes als in der Fassade und im Dach, wo die Temperaturunterschiede zwischen Tag und Nacht voll wirksam werden.
Blecheinfassungen aus Zink oder Kupfer dehnen sich in der prallen Mittagshitze erheblich aus und verbiegen oder verbeulen sich, wenn kein Spielraum für diese immer wiederkehrenden Bewegungen eingeplant wurde.
Die größten Schäden am Haus treten jedoch immer dann auf, wenn der Baugrund und die Fundamente des Gebäudes nicht richtig beurteilt und berechnet wurden.
Nicht nur die Anzahl der Geschosse und die daraus resultierenden Lasten des Baukörpers sind für die Größe der Fundamente entscheidend, sondern auch die Beschaffenheit des Baugrundes.

Sandboden ist besser zu beurteilen als Lehm, der unter dem Druck des Gebäudes seine Feuchtigkeit über Jahre hinweg abgibt und sich dabei zusammenpreßt.
Während auf Sandboden ein Haus schon meist kurze Zeit nach Fertigstellung „zur Ruhe kommt" und sicher steht, können bei feuchten und dicken Lehmböden noch Jahre später Risse in den Wänden durch Absinken einzelner Fundamentteile entstehen. Das muß der Planer bei der Festlegung der Fundamentgrößen berücksichtigen.

Ungleiche Fundamentabsenkungen führen zu Rissen

Ein normales, aus Ziegeln oder Kalksandstein aufgemauertes Einfamilienhaus hat ein Gewicht von weit über 200 Tonnen.
Doch diese Belastung, die der Untergrund tragen muß, verteilt sich nicht gleichmäßig auf die Grundfläche.
So drücken Mittelwände, die die Hauptlast der Betondecken aufnehmen, viel stärker auf Fundamente und Untergrund als zum Beispiel Zwischen- und Außenwände.
Das bedeutet bildlich gesehen, daß ein Haus mit seinen Bauteilen unterschiedlich stark den Boden des Grundstücks belastet und, wenn dies bei der Planung der Fundamente nicht entsprechend berücksichtigt wird, auch unterschiedlich tief in den Untergrund einsinkt.
Es sind zwar nur Millimeter, die diese Unterschiede ausmachen, das genügt jedoch, um deutlich sichtbare Risse im Mauerwerk zu erzeugen, denn gemauerte Wände sind nicht elastisch und bilden in den Fugen zwischen den einzelnen Mauersteinen treppenförmige Risse.
Risse in den Wänden sind deshalb auch bei vielen neueren Häusern keine Seltenheit und bei alten Gebäuden fast obligatorisch. In den meisten Fällen gefährden sie das Gebäude nicht. Sie lassen sich aber auch nicht reparieren, denn da der Verbund innerhalb des Mauerwerks unterbrochen ist, genügen schon kleine Erschütterungen, um einen zugemörtelten Riß neu entstehen zu lassen.

Vorsicht bei größer werdenden Rissen

Bedenklicher sind Fugen und Risse, die im Laufe der Zeit immer größer werden.
Sie deuten daraufhin, daß mit den Fundamenten oder der tragenden Konstruktion irgend etwas nicht stimmt.
Auch kann sich der Grundwasserspiegel gesenkt haben, zum Beispiel durch das Abpumpen in einer Baustelle der Nachbarschaft oder durch eine neue Regenwasser-Kanalisation.
Auch zunehmender Straßenverkehr mit schweren LKW's kann der Grund sein.
Die richtige Diagnose über die Ursache von Fugen und Rissen kann nur der Fachmann an Ort und Stelle treffen.

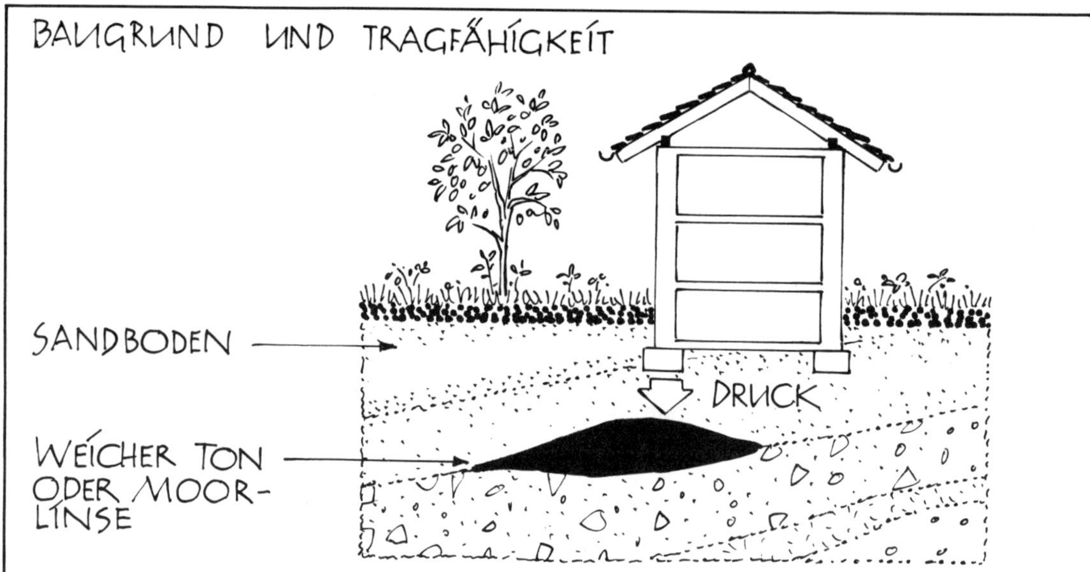
BAUGRUND UND TRAGFÄHIGKEIT
SANDBODEN
DRUCK
WEICHER TON ODER MOOR-LINSE

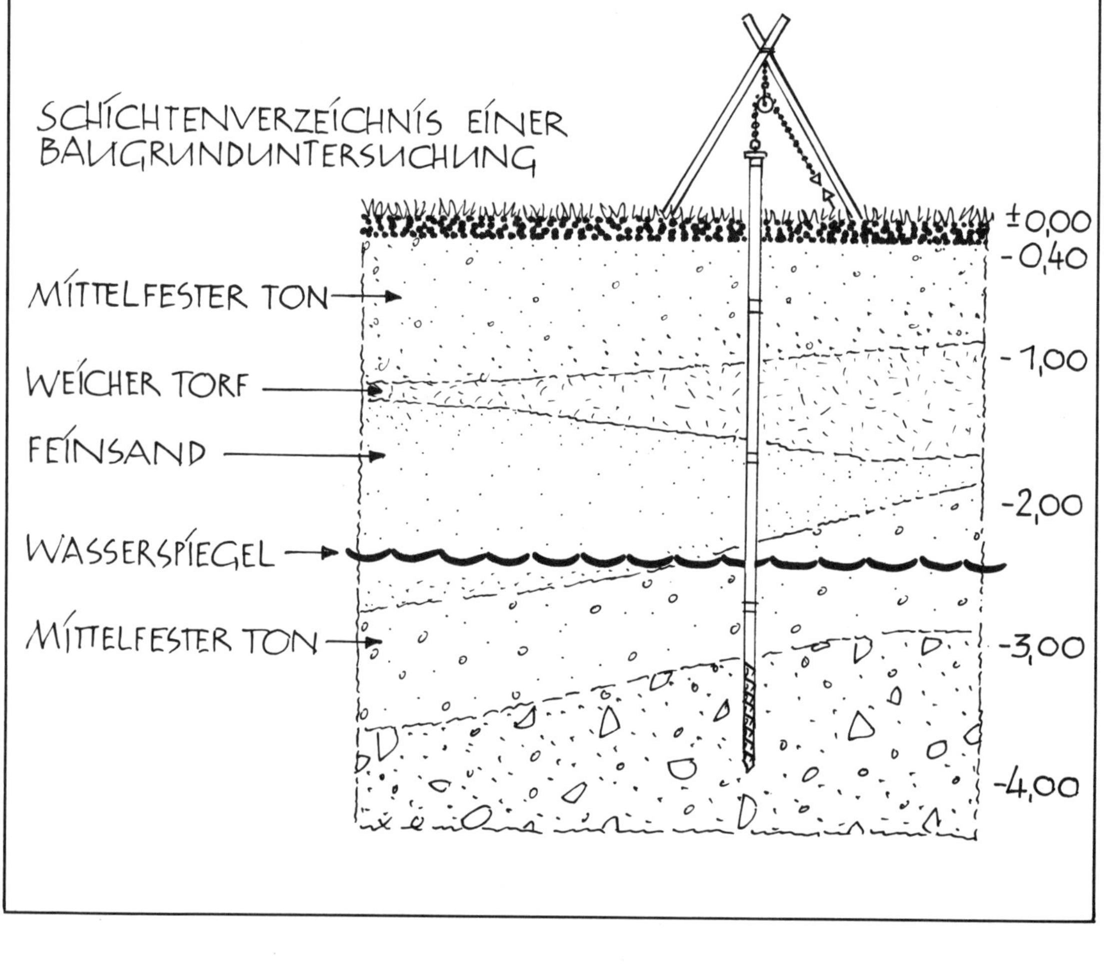
SCHICHTENVERZEICHNIS EINER BAUGRUNDUNTERSUCHUNG
MITTELFESTER TON
WEICHER TORF
FEINSAND
WASSERSPIEGEL
MITTELFESTER TON
±0,00
-0,40
-1,00
-2,00
-3,00
-4,00

Fehler: Die Beurteilung des Baugrundes bei der geplanten Erstellung eines Gebäudes ist eine wesentliche Voraussetzung für die fehlerfreie Planung und Durchführung der Bauarbeiten. Der Laie ist in diesem Bereich auf die fundierten Kenntnisse des erfahrenen Fachmannes angewiesen.
Ein Baugrund, der nach Augenschein keine Probleme mit sich bringt, kann in etwas tieferen Bodenschichten von nicht tragfähigen Bereichen unterlagert sein. Hingegen kann eine sich sumpfig darstellende Wiese schon in geringen Tiefen einen gut tragfähigen Untergrund vorweisen.
Viele Bauherren und Fachleute haben bei sorglosem Umgang mit den Bodenverhältnissen später böse Überraschungen hinnehmen müssen.

Folgen: Fehler, die in diesem Bereich der Arbeitsvorbereitung gemacht wurden, sind später nicht mehr reparabel. Die Baugeschichte bietet hier einen unerschöpflichen Fundus von Beispielen bis hin zum schiefen Turm von Pisa.
Bei fehlerhafter Einschätzung des Baugrundes sind Setzungen des Gebäudes nicht mehr kontrollierbar.
Bei extremen Überlastungen kommt es zum sogenannten „Grundbruch", wobei der Boden unter der Baulast (ein Einfamilienhaus wiegt über 200 Tonnen) seitlich unter dem Gebäude hervorquillt und das Gebäude im Boden versinkt.
Ist der Baugrund im Hausbereich unterschiedlich tragfähig, kommt es zu unterschiedlichen Setzungen der Gebäudeteile, das Bauwerk bekommt eine seitliche Neigung, die letztlich bis zum Einsturz führen kann.
Schon geringere Setzungsunterschiede erzeugen Diagonal-Risse, die auf die Standfestigkeit einen negativen Einfluß haben.

Abhilfe: Exakten Aufschluß über die Bodenverhältnisse findet man durch Probebohrungen, die bei kleineren Bauten 8 bis 10 m tief geführt werden.
Hierzu senkt man Hohlzylinder in den Boden ab und holt aus den tiefer liegenden Schichten Bodenproben herauf, die nach Art, Dichte, Feuchtigkeitsgehalt bestimmt werden.
In dichter besiedelten Gebieten unterhalten die Behörden Aufzeichnungen über derartige Baugrunduntersuchungen.
Mit Hilfe von Schichtenverzeichnis, Feuchtigkeitsgehalt und Bestimmung der Lagerungsdichte kann ein Bodengutachten erstellt werden. Aufgrund dieser Erkenntnisse ist ein Baugrundfachmann in der Lage, die Tragfähigkeit des betreffenden Baugrundes zu bestimmen.

Gesetze und Normen: DIN 1054: Baugrund; zulässige Belastungen des Baugrunds
DIN 4019 Teil 1: Baugrund; Setzungsberechnungen bei lotrechter, mittiger Belastung

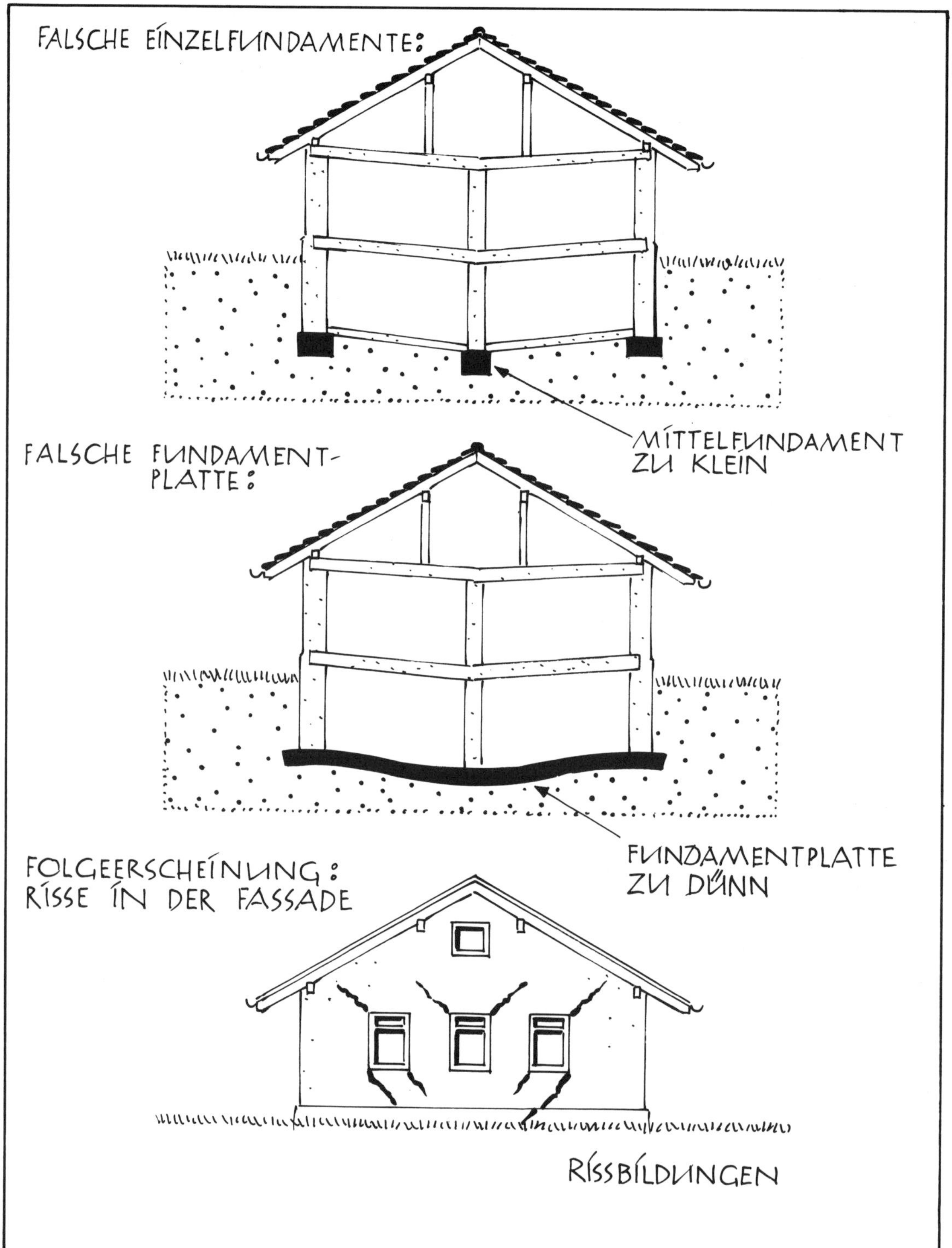
FALSCHE EINZELFUNDAMENTE:
MITTELFUNDAMENT ZU KLEIN
FALSCHE FUNDAMENTPLATTE:
FUNDAMENTPLATTE ZU DÜNN
FOLGEERSCHEINUNG: RISSE IN DER FASSADE
RISSBILDUNGEN

Fehler: Die Fundamente übernehmen bei Bauten die Aufgabe, die Lasten aus dem Baukörper in den Baugrund zu übertragen. Werden in diesem Bereich Fehler in Form von Überbelastung oder stark ungleichmäßiger Belastung des Baugrundes gemacht, sind Schäden am Bauwerk zu erwarten. Allgemein erwartet man, daß bei den Außenwänden von Gebäuden, wegen der dickeren Wände, die größten Lasten auftreten. Dies ist jedoch selten der Fall, denn die Innenwände werden meist mit größeren Lastanteilen aus den Decken belastet.
Bei Streifenfundamenten werden häufig die Fundamentbreiten auf die Wände abgestimmt und nicht auf die tatsächlich auftretenden Lastanteile des Gebäudes. Die Schaffung einer Flächengründung, bei der man eine Sohlenplatte aus Beton über den gesamten Baubereich schüttet, erweckt auf den ersten Blick den Eindruck einer großzügig ausgelegten Fundamentierung. Wenn man jedoch bedenkt, daß auch eine etwa 20 cm dicke Betonsohle eine gewisse Elastizität besitzt, so wird erkennbar, daß die Lastabtragung des Bauwerkes, unter der differenzierten Belastung über die Sohle in den Baugrund, zu verschiedenen Bodenpressungen und Setzungen führen muß.

Folgen: Grundsätzlich kann gesagt werden, daß bei allen Baugründen, unter Einfluß der Fundamentbelastungen, Setzungen eintreten; je stärker die Bodenpressung, desto größer die Setzung. Daraus folgt, daß bei gleichem Baugrund, gleich breiten Streifenfundamenten, jedoch bei unterschiedlichen Belastungen, verschiedene Setzungen auftreten.
Da das Bauwerk allgemein als starrer Körper erstellt wird, führen unterschiedliche Setzungen zu Spannungen in den Wänden, die sich durch Risse bemerkbar machen.

Abhilfe: Eine Veränderung an den Fundamenten von bestehenden Gebäuden ist nur mit unverhältnismäßig hohen Kosten möglich.
Deshalb ist es notwendig, bereits bei der Planung des Bauvorhabens die Fundamente in ihren Abmessungen den auftretenden, unterschiedlichen Lasten anzupassen und auf diese Weise eine gleichmäßige Bodenpressung bei allen Bauteilen zu erreichen. Wird bei allen Fundamenten eine gleiche Bodenpressung erzeugt, so wird sich der Baukörper in der Gesamtheit gleichmäßig setzen. Setzrisse sind bei diesen Bauten nicht zu erwarten.
Die gleichmäßige Auslastung einer über das gesamte Gebäude reichenden Fundamentplatte ist nicht zu erreichen; deshalb sind Flächengründungen dieser Art kein Vorteil.

Gesetze und Normen: DIN 1054: Baugrund; zulässige Belastungen des Baugrunds
DIN 4019 Teil 1: Baugrund; Setzungsberechnungen bei lotrechter, mittiger Belastung

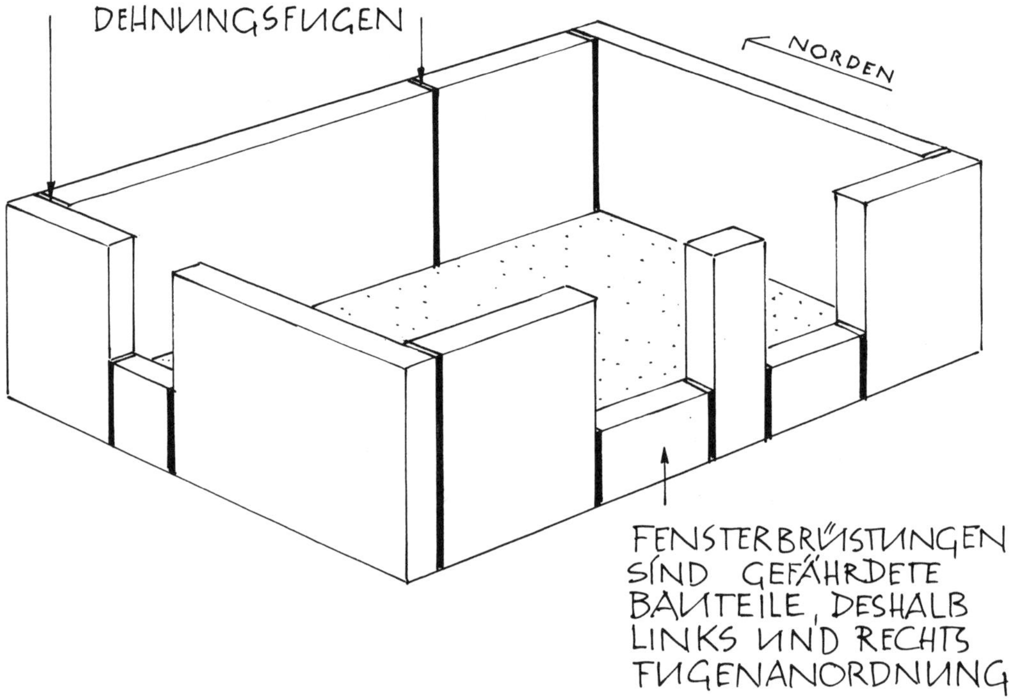

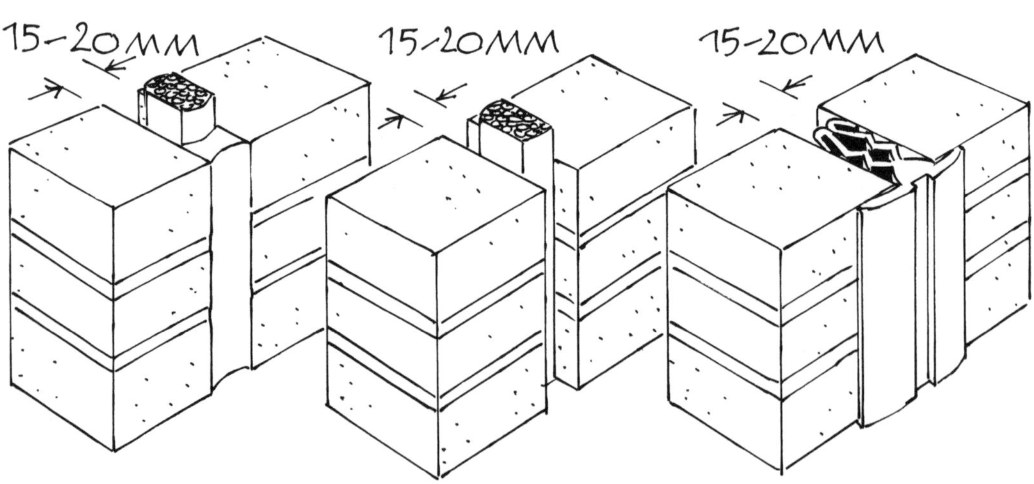

VERSCHIEDENE AUSFÜHRUNGEN VON DEHNUNGSFUGEN

Fehler: Wenn die Sonne auf ein Gebäude scheint und das Mauerwerk erwärmt, dehnt sich dieses aus. Zwar nicht so stark wie Metalle und Kunststoffe, jedoch - je nach Größe der Wand - um einige Millimeter. Da diese Ausdehnung immer nur auf der Sonnenseite eines Gebäudes erfolgt und die anderen Bauteile nicht betroffen sind, kommt es zu erheblichen Spannungen in den Wänden.
Bei kleinen Häusern genügt die Elastizität der Mauerwerksfugen, um diese Kräfte aufzunehmen, bei größeren Häusern müssen spezielle Dehnungsfugen angeordnet werden. Dieses ist auch der Fall, wenn verschiedene Materialien zusammen in einer Fassade verbaut und kombiniert werden. Da jedes Material seinen eigenen Dehnungsfaktor hat, kommt es zwischen Metall und Mauerwerk oder sogar zwischen Gasbeton und Ziegeln zu Spannungen, die zu Rissen führen können.
Diese Probleme werden umso stärker sichtbar, wenn durch eingelegte Dämmschichten die von der Sonne eingestrahlte Wärme nicht in die Innenwände abgeleitet werden kann. Ein gutes Beispiel dafür ist eine Verblendschale aus Ziegelmauerwerk, die von der tragenden Innenwand durch eine Mineralwollschicht getrennt ist. Die Außenschale wird von der Sonne aufgeheizt und kann ihre Energie nicht nach innen abgeben.

Folgen: Das führt zu erheblichen Dehnungen der Außenschale, die, wenn keine Fugen eingeplant sind, auf Dauer zu Rissen in der Fassade führen. Besonders die Gebäudeecken werden belastet. Zum Beispiel durch das „Schieben" von Betondecken in Flachdächern, die sich unter der Sonnenhitze ausdehnen und das darunterliegende Mauerwerk auseinanderdrücken.
Die entstehenden Risse gehen auch bei Abkühlung der Bauteile nicht zurück und lassen Wasser eindringen, das wiederum im Winter zu Frostschäden und Frostaufbrüchen im Mauerwerk führt.

Abhilfe: Fehlende Dehnungsfugen, die bereits zu Rissen in der Fassade geführt haben, kann man nachträglich nicht mehr ordnungsgemäß herstellen. Man kann indes durch Einschneiden des Mauerwerks mit der Trennscheibe eine Bewegungsfuge herstellen, die mit dauerelastischer Masse ausgefüllt und gedichtet wird. Diese Bewegungsfuge kann dazu beitragen, daß sich eine weitere Rißbildung im Mauerwerk nicht mehr fortsetzt.

Gesetze und Normen: DIN 1053 Teil 1: Mauerwerk; Berechnung und Ausführung
Verarbeitungsmerkblatt der Kalksandsteinindustrie

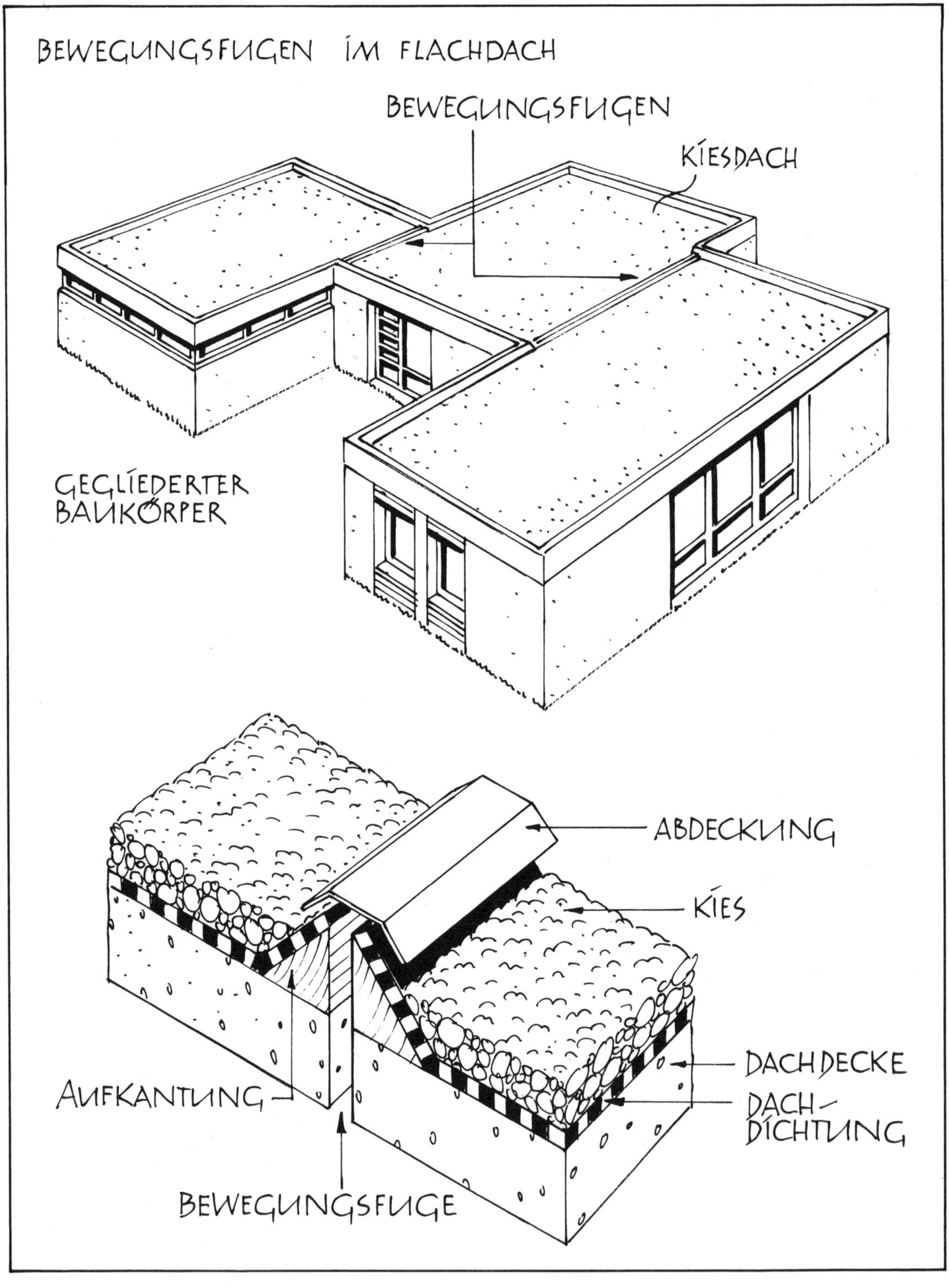
BEWEGUNGSFUGEN IM FLACHDACH
BEWEGUNGSFUGEN
KIESDACH
GEGLIEDERTER BAUKÖRPER
ABDECKUNG
KIES
DACHDECKE
DACH-DICHTUNG
AUFKANTUNG
BEWEGUNGSFUGE

Fehler: Bei größeren Dachflächen oder Dachflächen mit Einschnitten (gegliederte Flächen) können Dehnungsfugen in der Dachhaut notwendig werden. Das wird jedoch aus Unkenntnis oder infolge Fehleinschätzung der Bewegungen durch die thermisch bedingten Längendehnungen (Schrumpfungen) oftmals vernachlässigt.

Folgen: Werden notwendige Dehnungsfugen nicht eingebaut, bilden sich in den Spannungszonen Risse in der Dachhaut, die zum Wassereinbruch in den Dachraum führen. Die Dehnungsspannungen können sogar so groß werden, daß neben der Dachhaut auch die darunterliegende Dämmschicht mit durchgerissen wird.
Die Dämmschichten, die tragenden Bauteile, sowie die darunterliegenden Räume werden durchfeuchtet. Der Wasseraustritt ist meistens nicht unter dem Fehlerbereich festzustellen, so daß es hier leicht zur Fehleinschätzung der Schadensursache kommt; der eigentliche Fehler wird nicht erkannt.

Abhilfe: Ob Dehnungsfugen in Flachdächern angeordnet werden müssen, hängt von den baulichen, statischen und materialbedingten Erfordernissen ab. Diese sind durch erfahrene Fachleute festzustellen, die Lage und Dimensionierung festlegen.
Sind in dem Bauwerk Dehnungsfugen angeordnet worden, empfiehlt sich die Anordnung der Fugen an gleichen Punkten im Dachbereich. Für die Ausbildung der Dehnungsfugen sind Werkstoffe zu verwenden, die Bewegungen rechtwinklig und parallel zur Dehnungsfuge aufnehmen können. Diese Werkstoffe, in der Regel Kunststoffe, müssen bei Bitumendächern bitumenverträglich sein und eine ausreichende Klebehaftung haben. Die Fugenbänder sind mindestens 15 cm breit mit den Dachbahnen zu verkleben. Günstig ist es, wenn die Dehnungsfugen an höher gelegenen Bereichen der Dachfläche angeordnet werden oder durch Aufkantungen (Keile) aus dem Naßbereich des Flachdaches herausgehoben werden. Die durch Dehnungsfugen getrennten Dachflächen sollen einzeln entwässert werden.

Gesetze und Normen: DIN 18 338: Dachdeckungs- und Dachabdichtungsarbeiten
„Flachdach-Richtlinien“, herausgegeben vom Zentralverband des Deutschen Dachdekkerhandwerks.

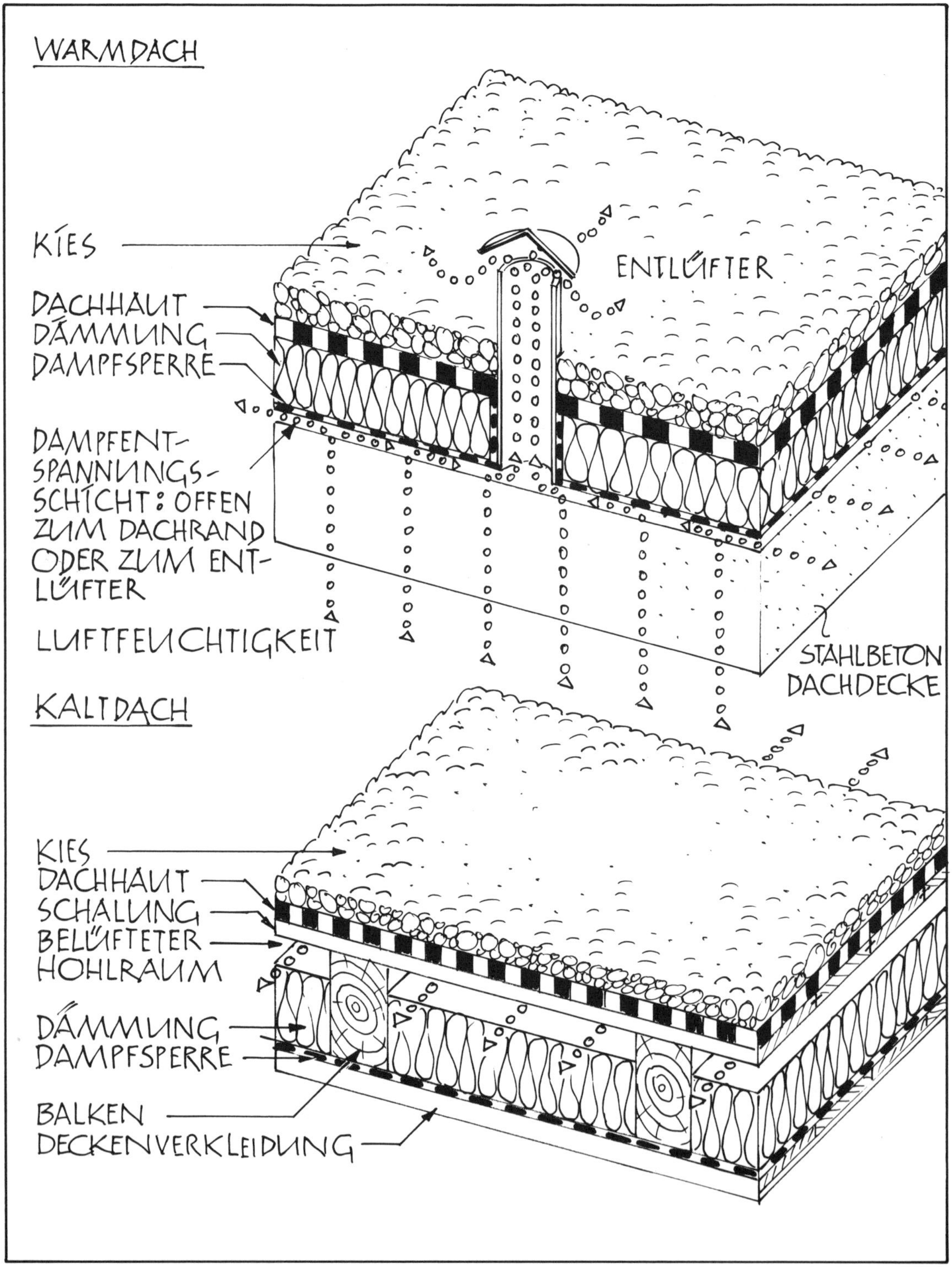
WARMDACH
KIES
ENTLÜFTER
DACHHAUT
DÄMMUNG
DAMPFSPERRE
DAMPFENTSPANNUNGSSCHICHT: OFFEN ZUM DACHRAND ODER ZUM ENTLÜFTER
LUFTFEUCHTIGKEIT
STAHLBETON DACHDECKE
KALTDACH
KIES
DACHHAUT
SCHALUNG
BELÜFTETER HOHLRAUM
DÄMMUNG
DAMPFSPERRE
BALKEN
DECKENVERKLEIDUNG

Fehler: Flachdächer gelten als Problemdächer. Die Ursachen der Mängel an Flachdächern sind überwiegend in der fehlerhaften Handwerksarbeit zu suchen, zweitrangig entstehen sie durch fehlerhafte Konstruktionen im Aufbau.
Der Aufbau von Flachdächern unterscheidet sich wesentlich durch die Konstruktion als Warm- oder Kaltdach.
Bei Warmdächern liegt die Wärmedämmschicht außen auf der tragenden Konstruktion, bei Kaltdächern innen. Warmdächer werden überwiegend bei Beton- oder Trapezblechdecken gewählt, Kaltdächer bei Holzbalkenlagen. Fehler im Dachaufbau bei Warmdächern findet man hauptsächlich in der notwendigen Ableitung der Dampfdiffusion unterhalb der Dämmschicht, bei Kaltdächern ist vorrangig die Dachhaut als Fehlerquelle festgestellt worden.

Folgen: Wird bei Warmdächern die Ableitung des Wasserdampfes nicht ordnungsgemäß ausgeführt, kommt es zu „Blasenbildungen" der Dachhaut. Der Dampfüberdruck löst den Dachaufbau vom Untergrund ab, beult ihn auf und bringt Spannungen in die Dachhaut, die durch thermische Beanspruchungen und mechanische Belastungen durch Schnee, Wasser und Betreten der Dachfläche zu Rissen in der Oberfläche führen. Wassereinbruch ist die Folge. Dabei ist besonders erschwerend, daß meistens der Austrittsbereich des Wassers nicht identisch mit dem Wassereintritt ist, die Lokalisierung der Schadensstelle ist somit kaum möglich. Das gilt auch bei Fehlern in der handwerklichen Ausführung.

Abhilfe: Sind Fehler im Aufbau des Flachdaches festgestellt, ist die Reparatur meist sehr aufwendig. Es empfiehlt sich, für diese Art Reparaturen nur erfahrene Fachleute einzusetzen. Liegen Mängel in der handwerklichen Ausführung der Arbeiten vor, so sind weitere, bisher ohne Folgen gebliebene „Schwachpunkte" zu unterstellen. Deshalb ist in solchen Fällen das Aufbringen einer vollflächigen Dichtungsbahn als zusätzliche Lage zu empfehlen.
Je nach Art der vorhandenen Oberlage, Bitumen oder PVC-Folienbahn, ist die neue Lage in gleichem Material zu wählen. Als Bitumendichtungen haben sich „Schweißbahnen" bewährt.
Sind Fehler im Aufbau der Schichten gemacht worden, hilft meistens nur eine „Radikalkur", das Entfernen sämtlicher Schichten und Neuaufbau nach folgendem Muster:
bei Warmdächern muß als erste Schicht eine Diffusions-Ausgleichsschicht (Lochpappe) verlegt werden. Es ist darauf zu achten, daß der Dampfüberdruck seitlich an den Dachrändern entweichen kann; sind die Flächen zu groß, sind Diffusionsentlüfter in der Fläche vorzusehen. Unterhalb der Wärmedämmschicht ist eine Dampfsperre (Folie) einzubauen. Oberhalb der Wärmedämmschicht werden zwei bis drei Lagen Dichtungsbahnen verlegt.

Gesetze und Normen: DIN 18 338: Dachdeckungs- und Dachabdichtungsarbeiten
„Flachdach-Richtlinien", herausgegeben vom Zentralverband des Deutschen Dachdeckerhandwerks.

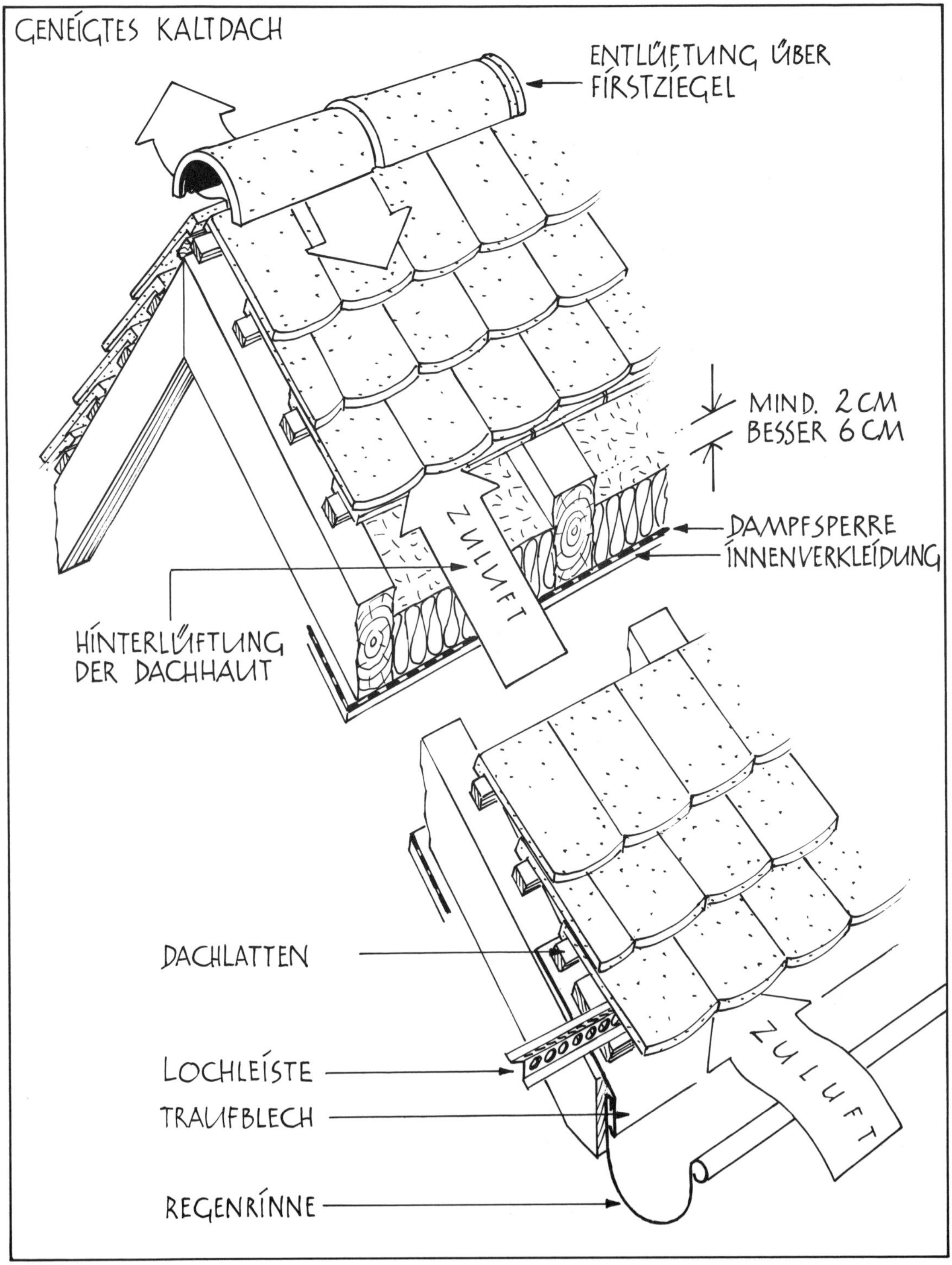
GENEIGTES KALTDACH
ENTLÜFTUNG ÜBER FIRSTZIEGEL
MIND. 2 CM
BESSER 6 CM
DAMPFSPERRE
INNENVERKLEIDUNG
ZULUFT
HINTERLÜFTUNG DER DACHHAUT
DACHLATTEN
LOCHLEISTE
TRAUFBLECH
ZULUFT
REGENRINNE

Fehler: Kaltdächer sind Konstruktionen, bei denen die Wärmedämmung auf der Innenseite angebracht ist, die tragenden Teile also im nichtgedämmten, kalten Bereich liegen. Diese Zone muß wegen der anfallenden Kondensatbildung be- und entlüftet werden. Das Kondensat entsteht durch die Diffusionsfeuchtigkeit, die vom Innenraum in die Kaltzone dringt und durch die Luftfeuchtigkeit, die sich an den Konstruktionsteilen niederschlägt.
Für die Lüftung sind auf physikalischer Grundlage Werte ermittelt worden, die oft aus Unkenntnis oder mangelndem Sachverstand nicht berücksichtigt werden.

Folgen: Die mangelnde Lüftung hat zur Folge, daß sich die diffusionsbedingte Feuchtigkeit als Kondensat in der Wärmedämmschicht niederschlägt und diese durchfeuchtet, wodurch die Dämmfähigkeit vermindert wird und somit weitere Kondensatbildung erzeugt wird. Es entsteht eine Steigerung der Feuchtigkeitswerte innerhalb der Dämmung bis zu Werten, bei denen das anfallende Kondenswasser die unter der Dämmschicht liegende Verkleidung (z. B. Gipskarton oder Holzvertäfelung) durchnäßt oder als Extremfall in die angrenzenden Räume ausfließt.
Das Kondenswasser ist außerdem geeignet, die Konstruktionsteile durch Fäulnis, Pilzbildung oder Korrosion zu zerstören.

Abhilfe: Am First sind durch Firstentlüfter Öffnungen in einer Querschnittsfläche von mindestens 0,5 ‰ der dazugehörigen, geneigten Dachfläche vorzusehen (lichter Öffnungsquerschnitt).
Beispiel: Satteldach mit 6,00 m Länge von Traufe bis First
$2 \times 6{,}00\ \text{m} \times 0{,}0005 = 0{,}006\ \text{m}^2 = 60\ \text{cm}^2/\text{m}$
An der Traufe sind mindestens 200 cm²/m Lüftungsquerschnitt vorzusehen, sonst 2 ‰ der dazugehörigen Dachfläche.
Beispiel: Satteldach mit 6,00 m Länge von Traufe bis First
$6{,}00\ \text{m} \times 0{,}002 = 0{,}012\ \text{m}^2 = 120\ \text{cm}^2/\text{m}$
Da dieser Wert unter 200 cm² liegt, sind also 200 cm²/m freier Lüftungsquerschnitt vorzusehen.
Dieses geschieht durch Anordnung von Lüftungsschlitzen im Traufenüberstand, die mit Feingewebe gegen Insekteneinflug abgedichtet werden oder durch Anordnung der entsprechenden Anzahl von Lüftungsdachziegeln an der Traufe.
Zwischen Dämmung und Oberkante Sparren (tragendes Dachholz) sind als Lüftungsquerschnitt mindestens 2,0 cm durchgehend von Traufe zu First vorzusehen.

Gesetze und Normen: DIN 4108 Teil 3: Wärmeschutz im Hochbau; klimabedingter Feuchteschutz.
(Diese DIN ist Bestandteil der meisten Landesbauordnungen.)

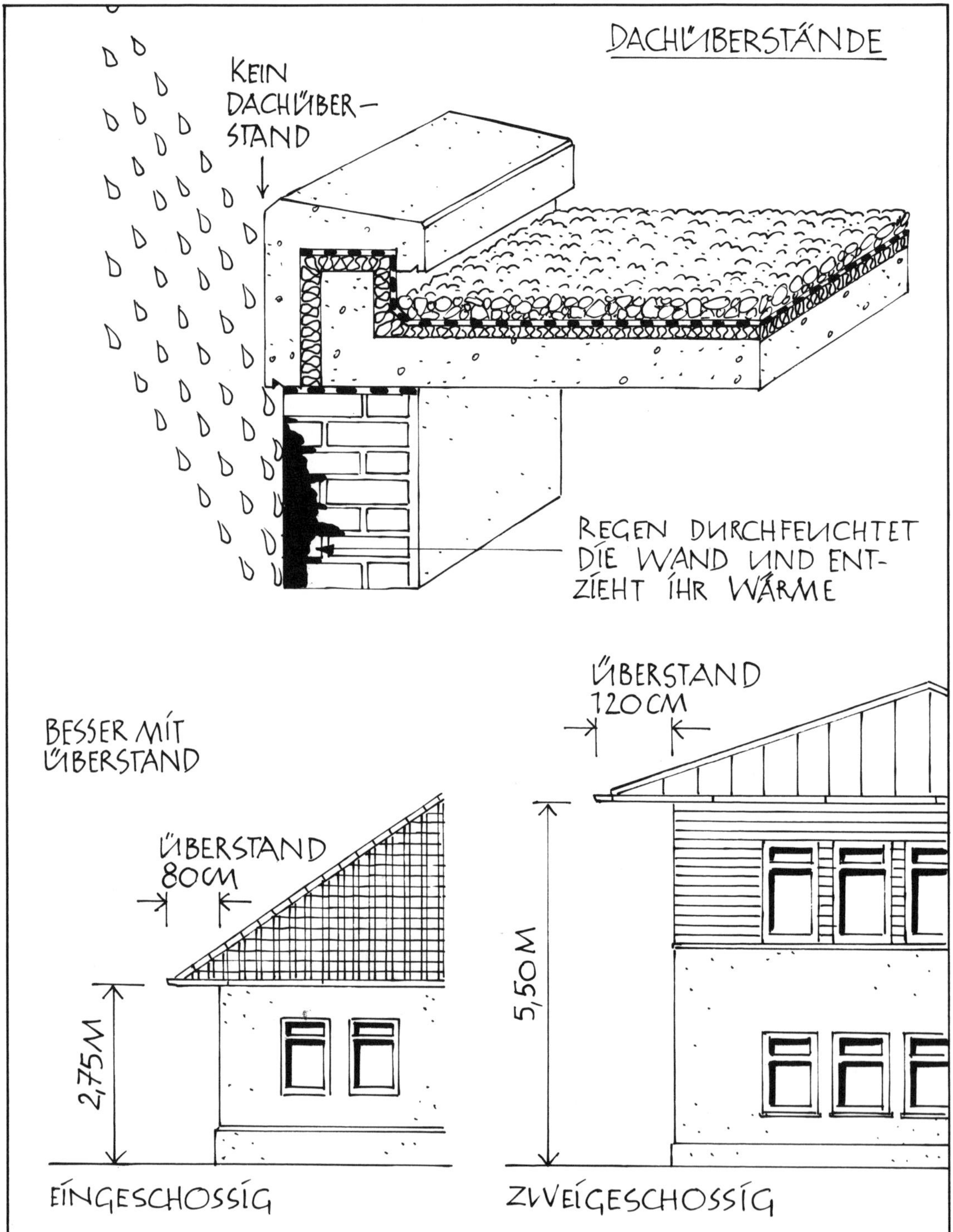
DACHÜBERSTÄNDE
KEIN DACHÜBER-STAND
REGEN DURCHFEUCHTET DIE WAND UND ENT-ZIEHT IHR WÄRME
BESSER MIT ÜBERSTAND
ÜBERSTAND 80CM
2,75M
EINGESCHOSSIG
ÜBERSTAND 120CM
5,50M
ZWEIGESCHOSSIG

Fehler: Die alten Baumeister haben aus ihrer Erfahrung zu richtigen Entscheidungen bei der Wahl ihrer Baukonstruktionen gefunden. Mit der heutigen, modernen Architektur sind viele dieser Konstruktionsmerkmale in den Hintergrund gedrängt worden. Das Dach eines Hauses soll den Schutz vor Witterungseinflüssen erstrangig übernehmen, wobei auch das Gebäude selbst Schutz finden soll.
Ein großer Dachüberstand schützt die Fassade und den unmittelbaren Anschlußbereich an das Haus. Um modern zu gestalten, verzichten viele Planer auf überstehende Dächer (Gesimse) und nehmen für die vermeintlich gute Architektur erhebliche Konstruktionsrisiken in Kauf.

Folgen: Bei Häusern ohne Dachüberstände sind Feuchtigkeitsschäden an den Fassaden keine Seltenheit. Der Regen kann, vom Wind unterstützt, ungehindert an Dachkanten-, Fenster- und Türanschlüsse gelangen. Die Fassade ist dem direkten Angriff der Witterung ausgesetzt – die Feuchtigkeitsmenge am angrenzenden Erdreich beim Keller ist größer als bei Häusern mit Dachüberstand. Kleine Öffnungen in der Fassade oder kleine Unregelmäßigkeiten an den Anschlüssen anderer Bauteile führen zu Feuchtigkeitseinbrüchen im Außenmauerwerk. Fenster und Türen unterliegen einer aufwendigeren Wartung. Frostschäden im Winter sind häufiger.

Abhilfe: Bereits bei der Planung von Bauten sollte man die Nachteile und Risiken fehlender Dachüberstände bedenken. Die Anschlüsse von anderen Bauteilen an die Fassade bedürfen besonderer Aufmerksamkeit und sind gewissenhaft auszuführen, gegebenenfalls sind zusätzliche Maßnahmen nötig.
Bei Bauten, die ohne Dachüberstände erstellt wurden, ist die nachträgliche Montage meist möglich, dabei sind statische Veränderungen zu überprüfen.

Gesetze und Normen: keine

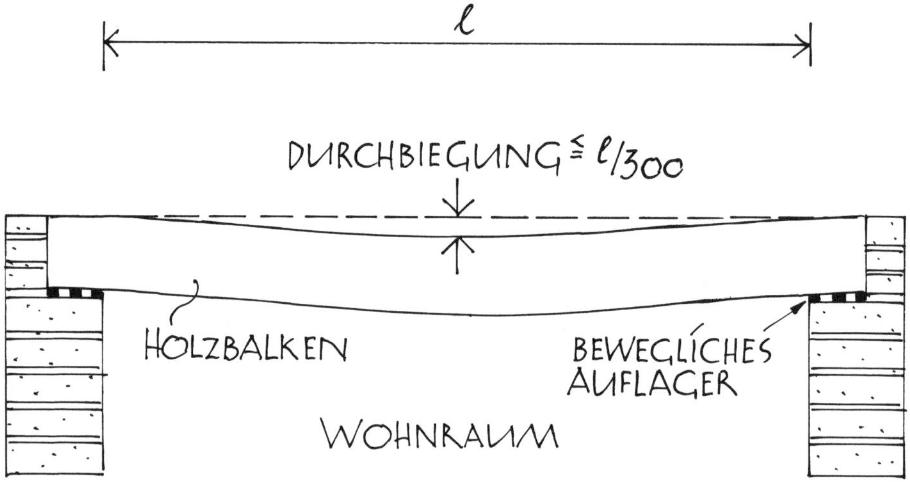

BEI WOHNGEBÄUDEN DARF DIE DURCHBIEGUNG NICHT MEHR ALS l/300STEL BETRAGEN, Z.B. BEI 4M RAUMBREITE 400 : 300 = 1,3 CM.

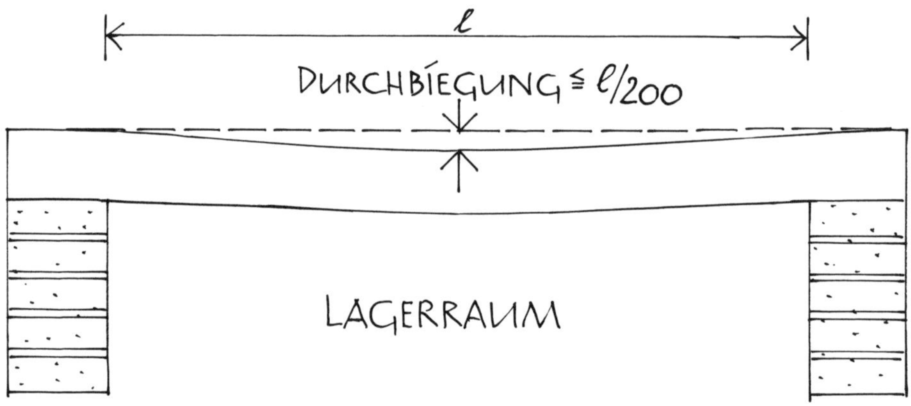

BEI NICHT-WOHNGEBÄUDEN DARF DIE DURCHBIEGUNG NICHT MEHR ALS l/200STEL BETRAGEN, Z.B. BEI 4M RAUMBREITE 400 : 200 = 2CM

Fehler: Die verschiedenen Baustoffe und Bauteile sind alle mehr oder minder stark elastisch. Je größer eine Belastung, desto stärker ist auch die Verformung. Diese „Verbiegungen" sind in den statischen Berechnungen von Häusern bereits berücksichtigt, da die Bauvorschriften die zulässigen Toleranzwerte von Durchbiegungen vorschreiben.
Ein Deckenbalken aus Holz darf sich unter Last in einem Wohngebäude maximal um 1/300stel seiner Länge durchbiegen. Für Nichtwohngebäude gilt 1/200stel seiner Länge.
Obwohl die Berechnungen stimmen und die Vorschriften erfüllt sind, treten besonders bei Holzbalkendecken und -dächern häufig Probleme auf.

Folgen: Auf einem Flachdach kann das Regenwasser nicht ablaufen, weil die Dachträger zur Mitte hin durchgebogen sind.
Es kommt zur Rißbildung an den Decken- und Wandanschlüssen. An der Deckenunterseite werden Risse im Putz sichtbar, es kann auch dazu führen, daß der Putz abplatzt. Tapeten können sich lösen oder ausbeulen. Bei Holzvertäfelungen verspannen sich die Bauteile und bilden offene Fugen.

Abhilfe: Bei Bauteilen, bei denen Bewegungen infolge Belastung zu erwarten sind, müssen alle Verbindungen und Anschlüsse ebenfalls elastisch ausgeführt werden. Schattenfugen bei Holzverkleidungen und Schnittfugen im Putz bilden die „Sollbruchstellen", in denen unsichtbar die Bewegungen stattfinden.
Oder der Deckenputz wird beim Wandanschluß mit einer nichtrostenden Putz-Abschlußschiene, einem Metallgewebe, das als Putzträger dient, versehen.

Gesetze und Normen: DIN 1045: Beton- und Stahlbeton; Bemessung und Ausführung
DIN 1052: Holzbauwerke; Berechnung und Ausführung
Allgemeine Handwerksregeln

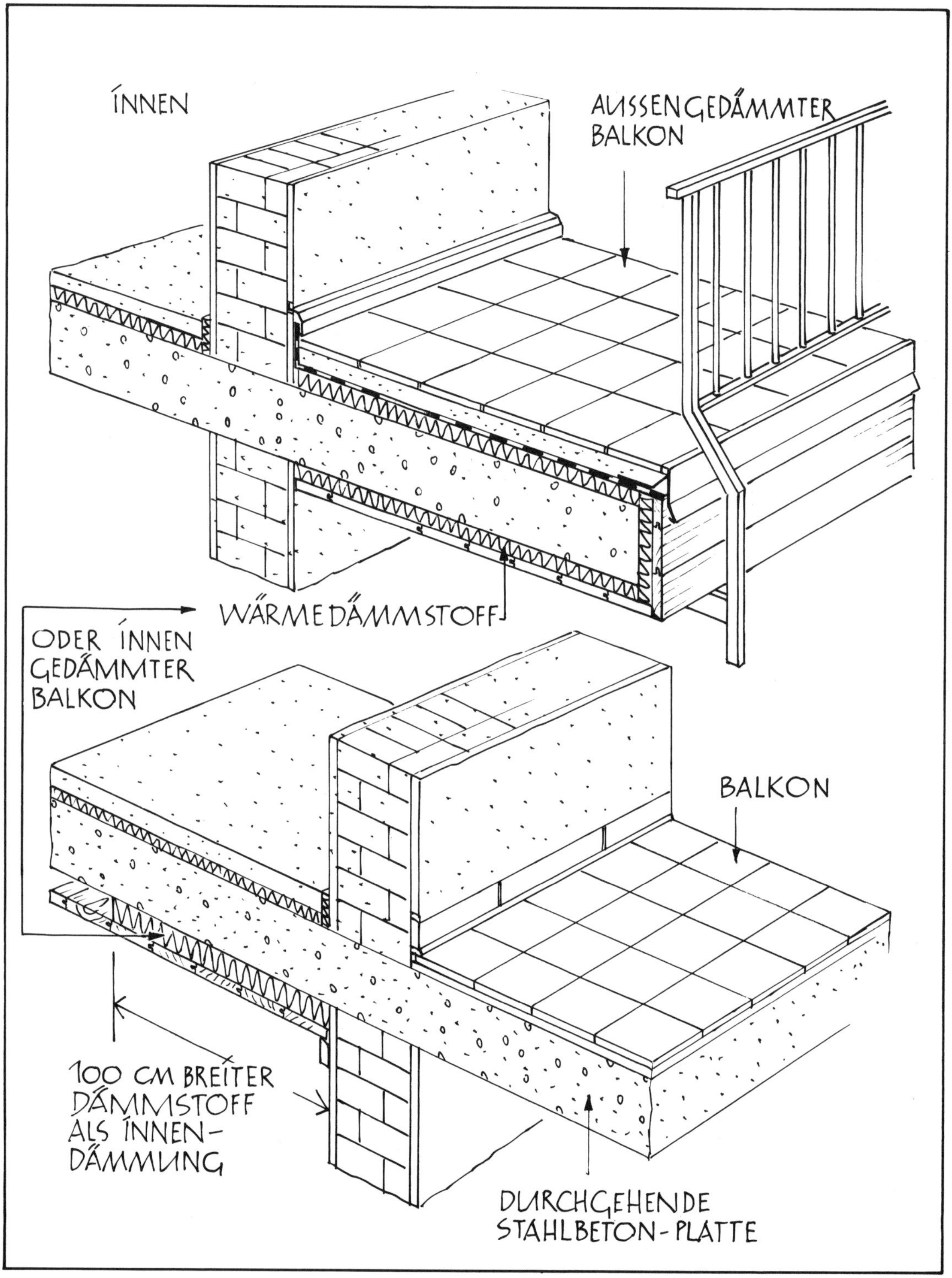
INNEN
AUSSENGEDÄMMTER BALKON
WÄRMEDÄMMSTOFF
ODER INNEN GEDÄMMTER BALKON
BALKON
100 CM BREITER DÄMMSTOFF ALS INNEN-DÄMMUNG
DURCHGEHENDE STAHLBETON-PLATTE

Fehler: Alle Bauteile, die aus dem Gebäudekörper hervorstehen oder auskragen, sind der Kälte ausgeliefert.
Balkone, Vordächer, Wandscheiben von Loggien leiten wie „Kühlrippen“ die Wärme aus den Bauteilen und erzeugen deshalb im Haus kalte Zonen in Mauerwerk und Decken. Deshalb müssen diese auskragenden Bauteile, zum Beispiel Balkonplatten aus Beton, besonders gut gegen Wärmeverluste isoliert werden.

Folgen: Wenn keine oder eine zu geringe Wärmedämmung erfolgt, schlägt sich an den kalten Bauteilen im Inneren des Hauses Kondenswasser aus der feuchtwarmen Raumluft nieder.
Das führt erst zu feuchten Flecken, nach und nach jedoch zur Durchfeuchtung ganzer Bereiche und Bauteile. Das häufigste Beispiel ist eine feuchte Zimmerdecke im Fensterbereich, wenn darüber ein Balkon ins Freie ragt.

Abhilfe: Bei Neubauten müssen diese „Kältebrücken“ mit eingelegten Dämmstreifen isoliert werden. Sie werden direkt in den Beton eingeschüttet und trennen die kalte Betonplatte des Balkons von der warmen Zimmerdecke.
Wenn dies nicht einwandfrei ausgeführt oder gar vergessen wurde, ist die Beseitigung des Mangels nur mit großem Aufwand möglich. Das ganze ins Freie ragende Bauteil muß dann mit einer wärmedämmenden Hülle aus Hartschaum oder Mineralwolle umgeben werden, um nicht auszukühlen. Bei Balkonen müssen Über-, Unter- und die Stirnseiten isoliert werden. Das erfordert viel Sorgfalt, denn der Balkonfußboden muß über der Dämmung liegen und absolut wasserdicht sein, auch bei den Geländerstäben darf kein Wasser eindringen. Renovierungsmaßnahmen müssen an Ort und Stelle mit Fachleuten und Baufirmen abgestimmt werden.

Gesetze und Normen: Allgemeine Handwerksregeln

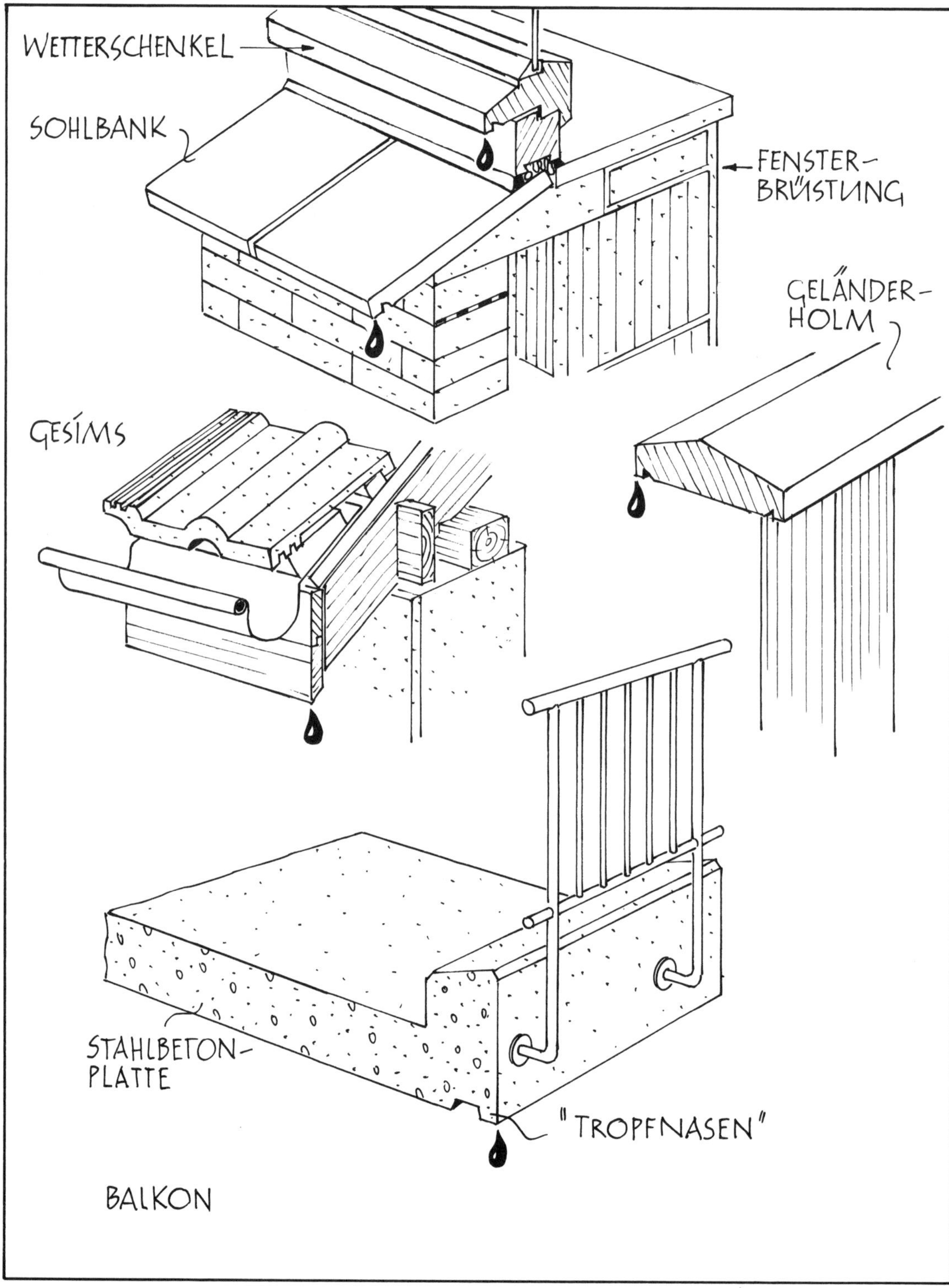
WETTERSCHENKEL
SOHLBANK
FENSTER-
BRÜSTUNG
GELÄNDER-
HOLM
GESIMS
STAHLBETON-
PLATTE
"TROPFNASEN"
BALKON

Fehler: Das Haus erfüllt im wesentlichen die Aufgabe, den Menschen vor den Witterungseinflüssen zu schützen. Hierbei ist der Schutz vor Regen ein entscheidender Faktor, der die Konstruktion vieler Bauteile bestimmt. Anfallendes Wasser soll möglichst schnell abgeleitet werden, wobei „Tropfkanten" verhindern, daß Regenwasser an den vorstehenden Bauteilen zurückläuft und in die Fassade eindringt. Diese Tropfkanten finden wir an vielen verschiedenen Bauteilen; wo sie fehlen, sind Bauschäden die Folge.

Folgen: Vorhangfassaden in Verbindung mit zusätzlicher Dämmung sind gerade in den letzten Jahren im Rahmen der Energie-Einsparung weit verbreitet. Dringt hier Feuchtigkeit in die Dämmschicht ein, verliert sie ihre Wirkung; die Feuchtigkeit wird in der Dämmschicht gehalten und durchfeuchtet das dahinterliegende Mauerwerk. Die Schadenskette geht hier weiter. Fehlen Tropfkanten an Balkonen, Gesimsen oder sonstigen vorstehenden Fassadenteilen, so wird das Wasser zum Gebäude geführt. Unter den Vorsprüngen sieht man durch Schmutzabwaschungen sogenannte „Fahnen".
An Fenstern und Türen verhindern Tropfkanten, daß Regenwasser in die unteren Rahmenfugen läuft und in den Innenbereich dringt.

Abhilfe: Beim Neubau ist besonders bei auskragenden Betonteilen auf Anordnung von Tropfkanten zu achten. Spätere Abhilfe ist hier kaum zu schaffen. Bei Vorhangfassaden sind Z-förmige Schienen aus Kunststoff oder Leichtmetall vorzusehen. Besonders die unteren Abschlüsse wie Sockel, Fensterstürze, Sohlbänke sind mit Abtropfkanten zu versehen. Bei Holzfenstern und Holzfassaden können nachträglich profilierte „Wasserschenkel" an den unteren Hölzern angebracht werden. Auch als oberer Abschluß kann bei Holzfassaden ein ähnliches Profil verwendet werden.

Gesetze und Normen: Allgemeine Handwerksregeln

DACH UND FASSADE

Ein Dach muß 50 Jahre dicht halten

Da das Haus die Bewohner schützen soll, muß es den Naturkräften standhalten; und das über einen möglichst langen Zeitraum, denn sonst ist das teure Baugeld fehlinvestiert. Ein Haus sollte deshalb so konstruiert und gebaut sein, daß es sich selbst schützt und auf Zusatzmaßnahmen, wie Anstriche und Imprägnierungen, weitgehend verzichtet werden kann.
Unsere Vorfahren bauten solche Häuser: mit Eichenbalken, die durch ihren hohen Anteil an Gerbsäure für Fäulnispilze und -bakterien kein Nährboden sind und deshalb nicht faulen oder verrotten. Mit großen Dachüberständen, die Außenwand und Fenster vor Regen schützten. Mit Vordächern über Balkonen und Eingängen und mit soliden Sockeln aus Naturstein an der Basis des Hauses.
Konstruktiven Schutz nennt man das heute, und viele Fachleute und Architekten haben mittlerweile den Wert dieser Bauweise wieder schätzen gelernt.

Fassaden vor Nässe schützen

Fassaden müssen viel aushalten. Tagsüber total vom Regen durchnäßt, kann es passieren, daß sie schon in der Nacht Minus-Temperaturen bewältigen müssen. Und bekanntlich sprengt der Frost jeden feuchten Baustoff. Deshalb ist der Schutz vor Regen und Nässe auch vorrangig wichtig. Fehlende Dachrinnen oder gesimslose Flachdächer lassen den Regen ungehindert an die Fassade heran. Er zieht beim Herunterlaufen dann nicht nur Wärme aus dem Mauerwerk, sondern wäscht auf Dauer auch Kalk und andere Mineralien aus dem Putz oder den Fugen des Sichtmauerwerks. Deshalb sollte man bei Renovierungen von Dach und Fassade prüfen, ob der Dachüberstand wirklich ausreicht oder ein wenig vergrößert werden sollte.

Das Dach ausreichend belüften

Eine gute Dachhaut aus Ziegeln hält 50 Jahre der Witterung stand! Diese Regel gilt heute auch für die modernen Betondachsteine. Teerpappe, ein Billigbaustoff der Jahrhundertwende, ist zwar noch auf alten Häusern unter neuen Bitumendachbahnen zu finden, aber nicht mehr im Handel, denn die modernen Dichtungsbahnen aus bitumengetränktem Glasvlies sind völlig verrottungsfest. Einen Schwachpunkt haben sie allerdings; das ultraviolette Licht des Sonnenscheins zerstört auf Dauer die Bitumenschicht. Deshalb – zum Schutz vor dem Sonnenlicht – sind Bitumenbahnen besandet und Flachdächer bekiest.
Wer sein Dach renovieren will, kann heute relativ preiswert auch Kupferbahnen auflegen, zum Beispiel anstelle von unansehnlich gewordenen Wellplatten aus Asbestzement. Diese leichte Dachhaut aus Kupferprofilblech wird besonders interessant, wenn ein altersschwacher Dachstuhl die Last der relativ schweren Ziegeldeckung nicht mehr tragen kann.
Feuchtigkeit ist auch für die Dachbalken und Sparren eine Gefahr. Starker Wind kann durchaus einmal Regen oder Flugschnee durch die vielen Fugen zwischen den Dachpfannen treiben und diese Feuchtigkeit muß schnell wieder austrocknen können.

Der große, luftige Dachraum alter Häuser machte da keine Probleme. Erst die Mode, Dachgeschosse bis unter die Pfannenlage zum Wohnen auszubauen, hat dazu geführt, daß zusätzliche Folien und Sperrschichten notwendig werden.
Wer sein Dach auch von innen gut schützen will, sorgt deshalb für eine ständige Belüftung des Gebälks und aller kritischen Zonen.

Problemfeld Fenster

Nicht selten sind die Fenster in der Fassade neuralgische Punkte, die immer wieder Probleme machen und Renovierungskosten verursachen. Das gilt für das Material, die Verarbeitung und den Anstrich gleichermaßen. Gegen ein gutes Holzfenster ist nichts einzuwenden. Ist es einwandfrei verarbeitet und wird regelmäßig gestrichen, steht es einem Kunststofffenster nicht nach.
Und werden für die Fensterprofile Edelhölzer, wie Mahagoni oder Teak gewählt, ist die Schutzwirkung von Anstrichen nur noch sekundär.
Die moderne Architektur hat indes den Fenstern viel zugemutet. Genügte früher eine Fenstergröße von 8 bis 10 Prozent der Grundfläche des jeweiligen Raumes als ausreichende Belichtung, so hat sich dies beinahe verdoppelt. Nicht etwa, damit mehr Tageslicht ins Gebäude fällt, sondern rein aus gestalterischen Gründen und um „die Natur ins Haus zu holen".

Daß die Fenstergrößen früherer Baumeister sehr wohl ausgewogen und keineswegs zu klein geraten waren, haben uns die Energiekrisen gelehrt. Denn auch isolierverglaste Fenster lassen noch dreimal soviel Wärme ins Freie abwandern, wie eine ungedämmte Ziegelwand von 40 Zentimeter Dicke.
Das aus zwei Scheiben zusammengesetzte Isolierglas gehört deshalb sicher zu den wichtigsten Erfindungen der modernen Bautechnik, wie auch die speziellen Wärmedämmgläser mit ihren reflektierenden Beschichtungen.
Leider haben diese Doppel- und Dreifachscheiben gegenüber normalem Fensterglas einen deutlichen Nachteil. Während eine Einfach-Scheibe ewig hält und immer klar und durchsichtig bleibt, kann der Zwischenraum in der Isolierverglasung beschlagen. Die Hersteller sprechen zwar von 30 Jahren Sicherheit bei richtigem Einbau, geben aber keine Garantie. Es kommt aber nicht selten vor, daß bereits nach 10 bis 15 Jahren diese Scheiben blind werden und dafür sind sie eigentlich zu teuer. In den letzten Jahren hat man erkannt, daß viele Isolierscheiben falsch eingebaut sind. Saurer Regen und Kondenswasser greifen die Verklebung der Scheiben an, wenn das Glas nicht ordnungsgemäß auf Klötzen im unteren Rahmen gelagert ist und keine Belüftung dafür sorgt, daß diese aggressive Feuchtigkeit schnell austrocknet.

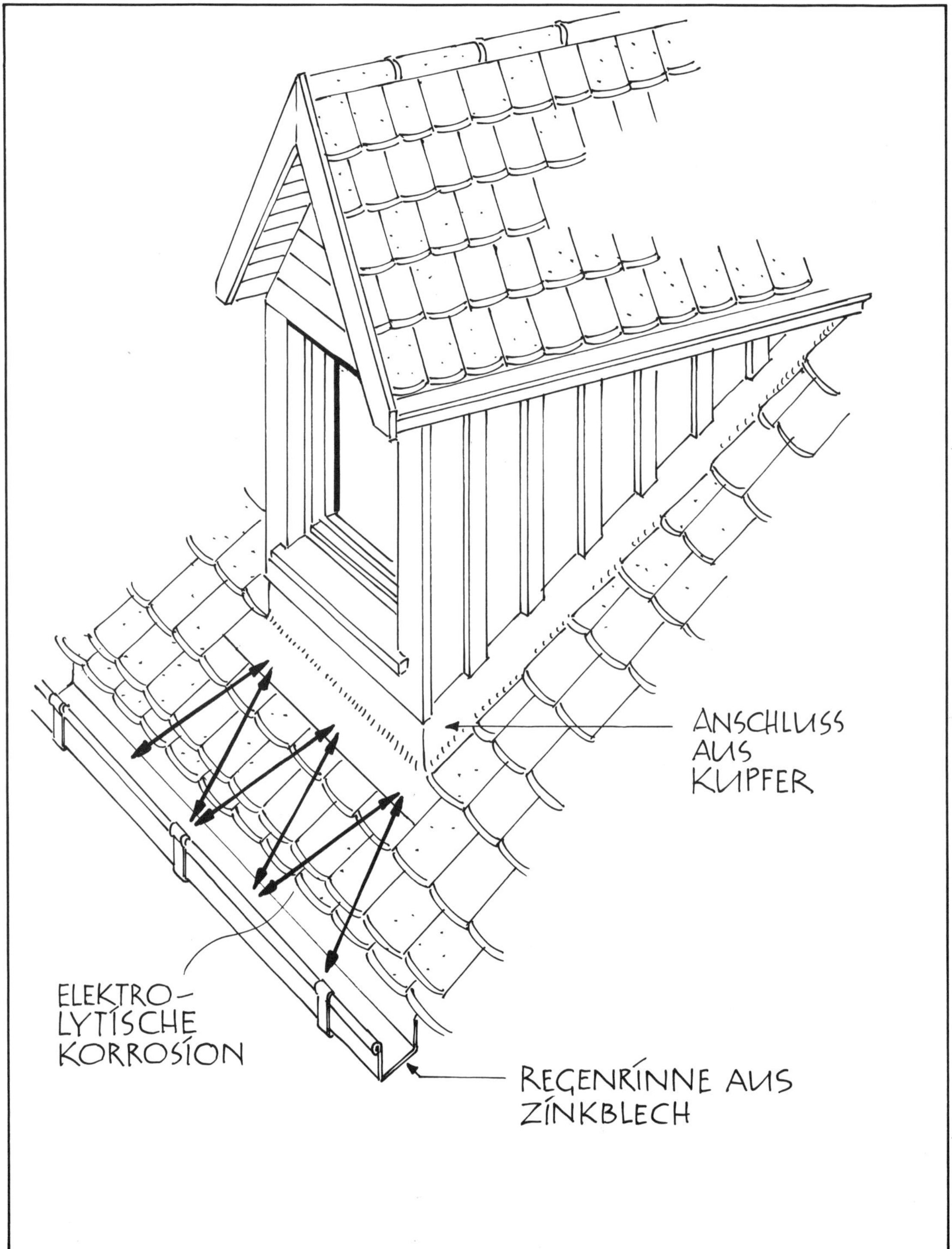
ANSCHLUSS
AUS
KUPFER
ELEKTRO-
LYTISCHE
KORROSION
REGENRINNE AUS
ZINKBLECH

Fehler: Bauteile aus Kupfer- und Zinkblech gelten als korrosionsbeständig und deshalb als besonders dauerhaft und langlebig.
Wenn jedoch verschiedene Metalle in derselben Fassade oder in der Dachhaut eingebaut werden, zerstören sie sich gegenseitig. Eine Kupferdachrinne darf keinesfalls in verzinkte Eisenhalter gebettet werden und wer Kupferbleche zum Eindichten von Gesimsen und Gauben verwendet, muß sicher gehen, daß in der Nähe dieser Bauteile keine verzinkten oder eisernen Nägel bzw. Schrauben eingebaut sind.

Folgen: Dachrinnen, Blechverkleidungen, Nägel und Schrauben lösen sich auf. Sie werden zerfressen durch ein Naturphänomen, das man Elektrolyse nennt und das immer dann entsteht, wenn verschiedene Metalle, die relativ nahe beieinander liegen, mit Wasser oder Feuchtigkeit in Berührung kommen.
Dann entsteht ein elektrischer Stromfluß, der, wie in einer Autobatterie das Blei, die Metalle abbaut.

Abhilfe: Man muß sich bei der Renovierung für ein Metall entscheiden. Entweder alle Bauteile in Kupfer oder in Zink. Isolierende Zwischenlagen aus Kunststoff oder Anstriche helfen nur kurze Zeit.
Der Austausch einzelner Blechteile gegen Kunststoffbauteile ist hingegen möglich. Messing und NiRo-Stahl sind ebenfalls möglich.

Gesetze und Normen: Ausführungsbestimmungen des Klempner- und Installationsgewerbes und des Dachdeckerhandwerks.

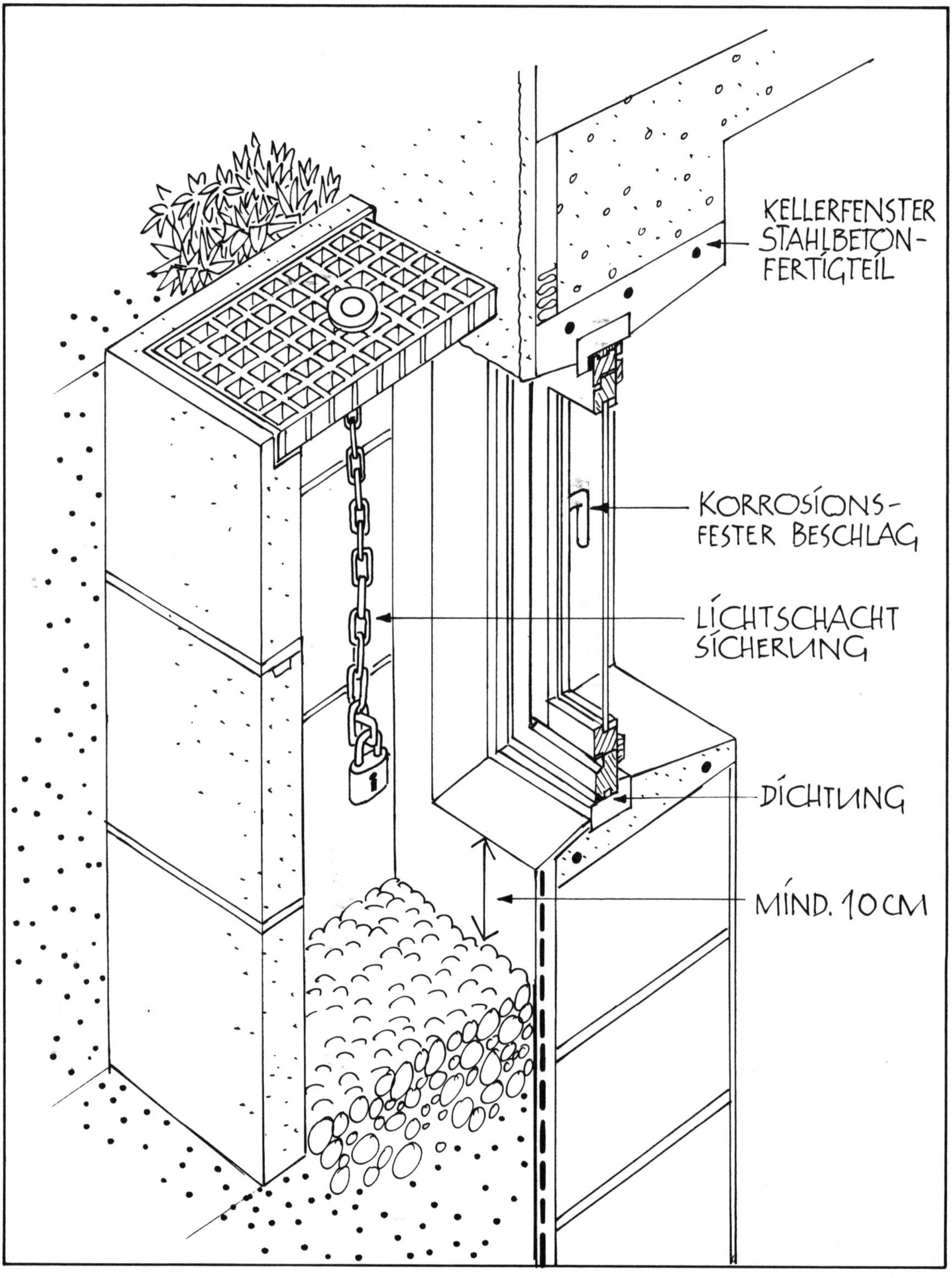
KELLERFENSTER
STAHLBETON-
FERTIGTEIL
KORROSIONS-
FESTER BESCHLAG
LICHTSCHACHT
SICHERUNG
DICHTUNG
MIND. 10CM

Fehler: Den Kellerfenstern wird häufig wenig Beachtung geschenkt, da sie meist in Lichtschächten versteckt sind und zur Belichtung von untergeordneten Räumen dienen. Deshalb werden sie häufig möglichst billig gefertigt und mit primitiven Beschlägen ausgestattet.

Folgen: In erster Linie permanente Undichtigkeiten und mangelnder Schutz vor Einbruch. Sie sind meist schlecht zu bedienen, weil die Beschläge nach wenigen Jahren verschmutzen, korrodieren oder abbrechen.
Eine den Jahreszeiten entsprechende, dosierte Belüftung (im Winter viel, im Sommer wenig) ist meist nicht möglich. Ferner dringt durch die simplen Konstruktionen relativ schnell Feuchtigkeit in die Kellerräume und beeinträchtigt das Klima im Untergeschoß.

Abhilfe: Einzelmaßnahmen, wie der Austausch von Beschlägen oder das Einkleben von Dichtungsstreifen lohnen meist nicht. Auch ist eine Sicherung gegen Einbruch am alten Fenster selbst kaum möglich. Hier sollte man den Kellerlichtschacht sichern. Entweder durch ein verschließbares Abdeckgitter oder durch zusätzliche, verschließbare Beschläge, die in das vorhandene Abdeckgitter eingesetzt werden.
Mangelhafte Kellerfenster sollten komplett ausgetauscht und durch Konstruktionen ersetzt werden, die auch für normale Fenster Verwendung finden. Eine Ausstattung mit Isolierglas ist grundsätzlich nicht notwendig, da es sich ja meist nur um kleine Fenster handelt und der Energiespareffekt vergleichsweise gering ist und die Mehrkosten nicht aufwiegt.

Gesetze und Normen: Für die Ausführung, den Einbau und die Wärmedämmung von Kellerfenstern gibt es keine gesetzlichen Vorschriften und Normen.
Für normale Fenster gelten
DIN 1249 Teil 1: Flachglas im Bauwesen; Fensterglas; Begriff, Maße und
DIN 18 361: Verglasungsarbeiten.

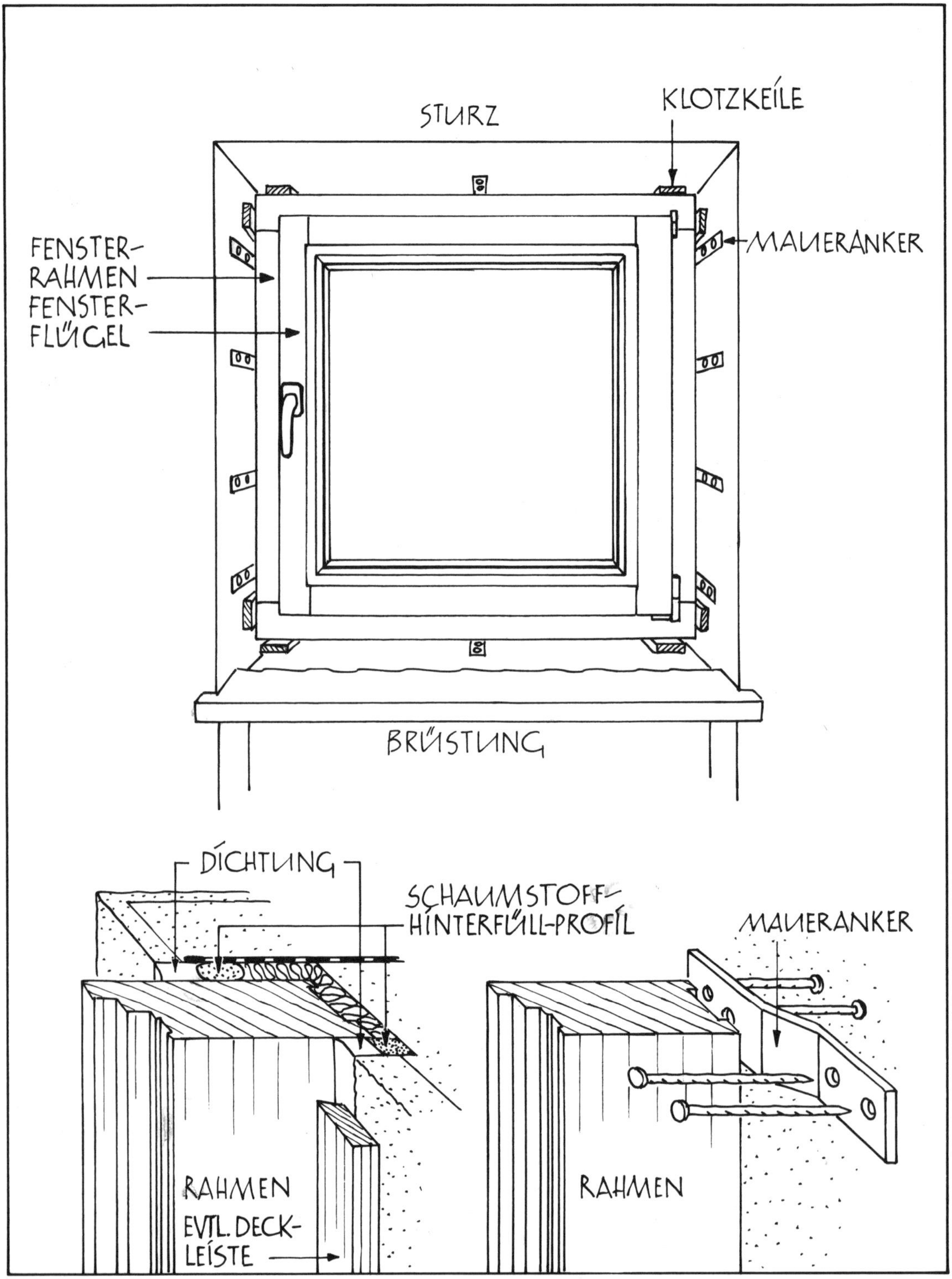
STURZ
KLOTZKEILE
FENSTER-
RAHMEN
FENSTER-
FLÜGEL
MAUERANKER
BRÜSTUNG
DICHTUNG
SCHAUMSTOFF-
HINTERFÜLL-PROFIL
MAUERANKER
RAHMEN
EVTL. DECK-
LEISTE
RAHMEN

Fehler: Die Anschlüsse der Fenster und Türen an das Mauerwerk führen häufig zu Baumängeln. Besondere Beachtung ist nötig, da hier verschiedene Baustoffe (Holz, Kunststoff, Leichtmetall) an Mauerwerk oder Fassaden-Fertigteile anschließen. Die verschiedenen Materialien „arbeiten" unter den Witterungseinflüssen verschieden stark; Bewegungsfugen müssen berücksichtigt werden.
An die Anschlüsse werden ebenfalls Anforderunen bezüglich der Wind- und Regendichtigkeit, der Wärmedichtigkeit und der mechanischen Festigkeit gestellt. Der Sitz der Fenster und Türen wird durch ständige Beanspruchung beim Öffnen und Schließen belastet.

Folgen: Fenster- und Türenelemente, die nicht korrekt mit dem Mauerwerk verankert sind, bewegen sich unter Winddruck oder bei der Bedienung. Die Rahmen verziehen sich, die Flügel schließen nicht exakt und die Beschläge werden überlastet. Die Verfugung und Abdichtung zwischen Rahmen und Mauerwerk wird brüchig, Feuchtigkeit kann hier eindringen und durchnäßt die angrenzenden Putzflächen. Die Putzanschlüsse platzen unter der mechanischen Beanspruchung ab, es entstehen häßliche Fugen. Die Winddichtigkeit der Anschlüsse ist nicht mehr gewährleistet.

Abhilfe: Schon bei der Montage der Elemente ist der exakte Sitz von entscheidender Bedeutung. Werden hier Ungenauigkeiten geduldet, läßt sich dieser Mangel später nur durch umfangreiche Nachbesserungen beheben.
Die Verankerung der Elemente mit dem Mauerwerk erfolgt entweder durch Langdübel, die durch den Rahmen in das Mauerwerk geführt werden oder durch Flacheisenanker, die am Rahmen befestigt sind und am Mauerwerk in den Fensterlaibungen angedübelt werden. Mit dieser Befestigung ist der korrekte Sitz und die mechanische Festigkeit zu gewährleisten.
Zwischen Mauerwerk und Fenster, beziehungsweise Türrahmen wird für Montagezwecke ca. 1 cm Luft gegeben. Dieser Zwischenraum wird zur Vermeidung von Kältebrücken üblicherweise mit PU-Montageschaum vollständig ausgefüllt.
Bei Mauerwerksbauten mit äußerer Verblendung sieht man einen Anschlag des Rahmens an den Mauerziegeln von 2 bis 4 cm vor. Dieser Anschlag sichert zusätzlich den Sitz des Rahmens.
Die äußere Fuge zwischen Verblendstein und Rahmen wird mit dauerelastischer Masse (Silikonkautschuk) verspritzt. Diese Verfugung stellt die Regendichtigkeit des Rahmen- und Wandanschlusses sicher.
Bei Holzfenstern kann eine Deckleiste aus optischen Gründen angebracht werden. Sie garantiert jedoch keine Dichtigkeit.

Gesetze und Normen: Allgemeine Handwerksregeln

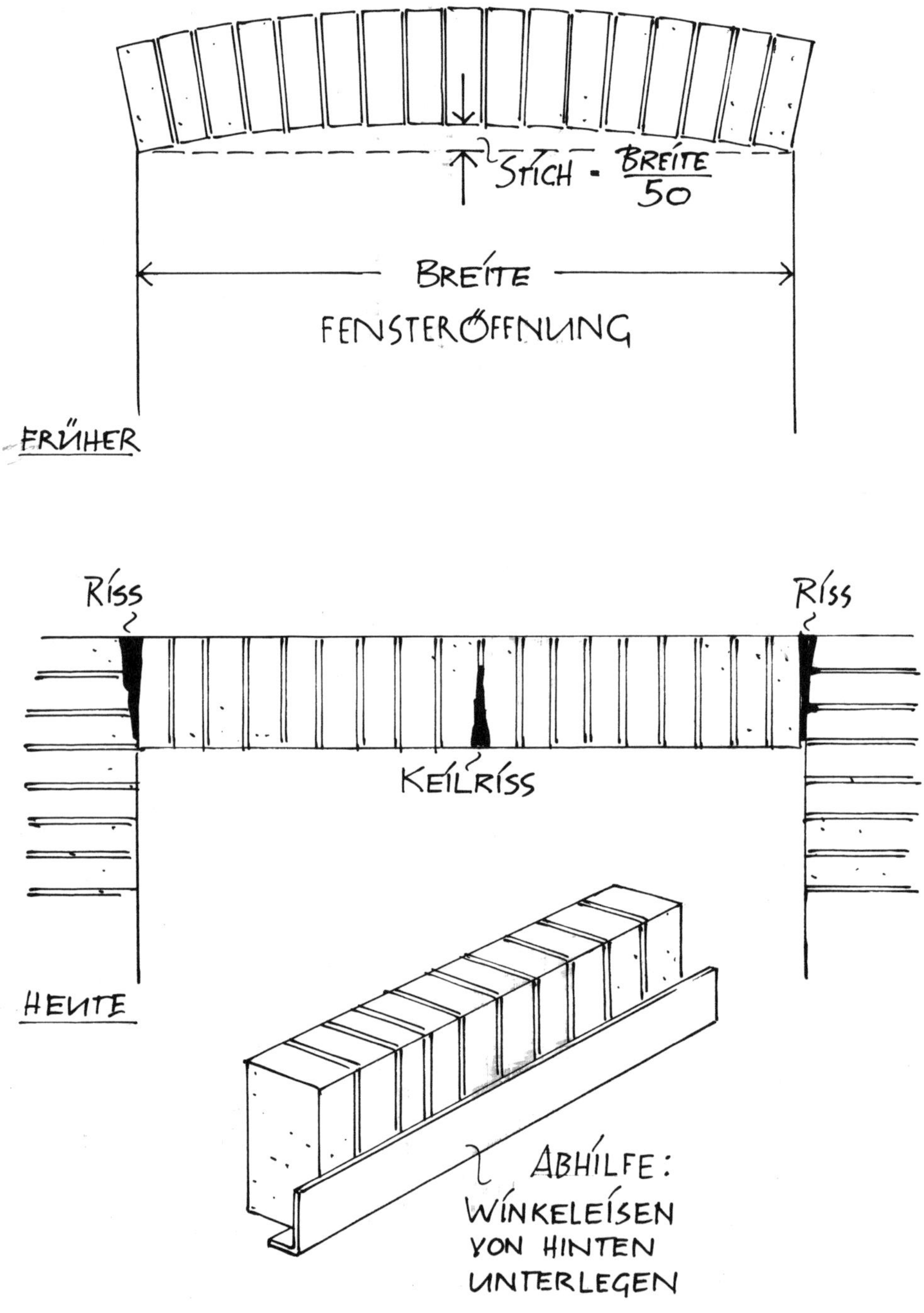
STICH = BREITE / 50
BREITE
FENSTERÖFFNUNG
FRÜHER
RISS
RISS
KEILRISS
HEUTE
ABHILFE:
WINKELEISEN
VON HINTEN
UNTERLEGEN

Fehler: Die Baumeister in früheren Zeiten beherrschten die Handwerksregeln im Mauerbau, ohne daß es einer statischen Berechnung bedurfte. Dazu gehört auch das Mauern von selbsttragenden Stürzen über Öffnungen im Mauerwerk. Dies geschah durch die Anordnung von sogenannten „scheitrechten Bögen“. Die Merkmale dieser Bögen sind schräg gestellte Windlager, eine ausgerichtete Grenadierschicht (hochkant gestellte Steine) und ein Stich (Überhöhung in Sturzmitte) vom Maß der Öffnungsseite geteilt durch 50.
In heutiger Zeit sind diese Grundregeln weitgehend in Vergessenheit geraten, die Stürze werden gern als gerade verlaufende Grenadierschicht mit lotrecht gestellten Steinen ohne wesentliche Überhöhung gemauert.

Folgen: Die heute übliche Ausführung ist ohne zusätzliche Maßnahmen nicht tragfähig. Häufig kommt es daher zu Rissen des Sturzmauerwerks, sogar zum Zusammenbruch des Sturzes.

Abhilfe: Wenn die nötige Überhöhung des Sturzes aus optischen Gründen abgelehnt wird, bleibt nur die Anordnung zusätzlicher statischer Maßnahmen. Am einfachsten ist der Einbau von Spannstürzen mit Ziegelummantelung in gleichem Verblendstein. Hierbei wird der Sturz als „Läuferschicht“ optisch dargestellt, die Tragfähigkeit und die Spannweite ist jedoch begrenzt.
Mauerwerksstürze mit größeren statischen Anforderungen können als Grenadierschicht in Verbindung mit Winkeleisen, die am Träger des Hintermauerwerks angeschweißt oder verdübelt sind, ausgeführt werden. Die Bauindustrie stellt für Schwerlaststürze spezielle, nichtrostende Winkelkonsolen her, die am über dem Sturz liegenden Mauerwerk mit Spezialdübeln verankert werden und in Verbindung mit einem bewehrten Grenadiermauerwerk als Verblendsturz ausgeführt werden.

Gesetze und Normen: DIN 1053 Teil 1: Mauerwerk; Berechnung und Ausführung (besonders Abschnitt 5.5.3)
Allgemeine Handwerksregeln

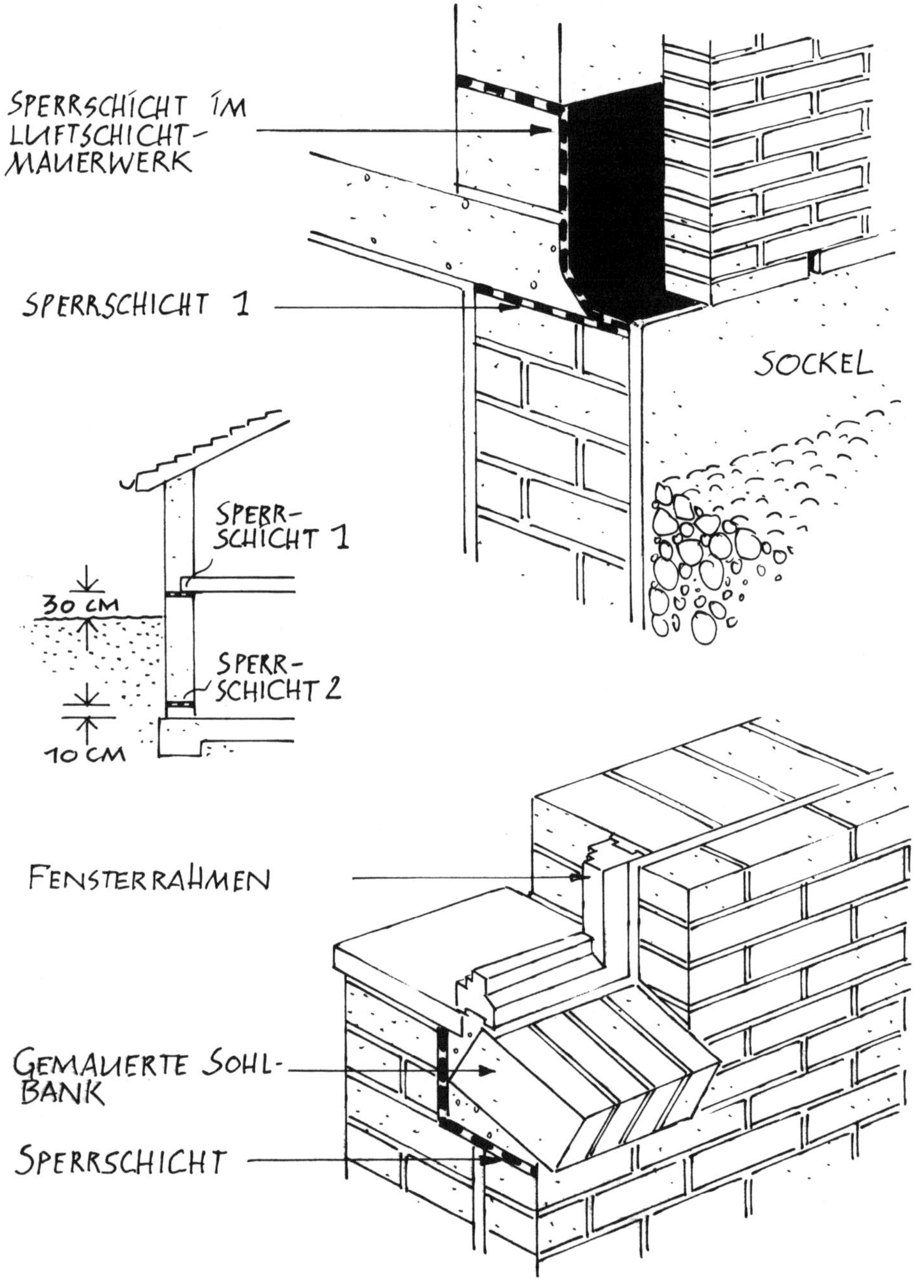
SPERRSCHICHT IM LUFTSCHICHT-MAUERWERK
SPERRSCHICHT 1
SOCKEL
SPERR-SCHICHT 1
30 CM
SPERR-SCHICHT 2
10 CM
FENSTERRAHMEN
GEMAUERTE SOHL-BANK
SPERRSCHICHT

Fehler: Bei vielen Handwerkern besteht Unsicherheit in der Anordnung von Sperrfolien im Mauerwerk gegen aufsteigende Feuchtigkeit und zur Ableitung von Feuchtigkeit aus Luftschichten von zweischaligem Mauerwerk.
Bei Kellermauerwerk wird die Feuchtigkeitssperre häufig auf der Sohle und unter der Kellerdecke verlegt; das ist falsch!
Bei zweischaligem Mauerwerk ist die Feuchtigkeitssperre mindestens 20 cm über der Erdanschüttung in der Außenschale einzulegen und Z-förmig durch die Luft- und/oder Dämmschicht ca. 15 cm höherliegend in das Hintermauerwerk zu führen.
Über Mauerwerksöffnungen (Fenster, Türen) ist ebenfalls eine Z-förmig angelegte Sperrfolie mit Ableitung nach außen anzuordnen. Auch Rollschichten bei Sohlbänken sollten mit Sperrfolien unterlegt werden.

Folgen: Legt man beim Kellermauerwerk die Sperrschicht auf die Sohle, durchfeuchtet das darüberliegende Mauerwerk, falls sich im Keller Wasser sammelt. Legt man hingegen die Sperrfolie auf die erste Mauerwerksschicht, kann die Feuchtigkeit lediglich die erste Schicht erreichen und nicht durch Kapillarwirkung höher aufsteigen.
Legt man die Sperrfolie im Sockel des Erdgeschoßmauerwerks nicht aus dem Spritzwasserbereich der Erdanschüttung heraus, kann die Feuchtigkeit im Außenmauerwerk aufsteigen.
Auf die Z-förmig angeordeten Sperrfolien müssen bei Luftschichten Lüftungssteine ins Außenmauerwerk eingearbeitet werden; diese dienen zur Luftzirkulation in der Luftschicht und zur Ableitung von durch die Vormauerschale eingedrungenem Wasser.
Bei Mauerwerk ohne Luftschicht mit Kerndämmung sind die Stoßfugen der Vormauerschale (Verblender) der unteren Reihe zur Ableitung des eingedrungenen Wassers offen zu lassen. Geschieht dies nicht, kann sich eindringendes Wasser aufstauen und die innere Mauerwerksschale durchfeuchten.

Abhilfe: Fehlende Sperrfolien lassen sich durch Einschlitzen des Mauerwerks nachträglich einfügen. Dies ist jedoch recht aufwendig und gefährdet bei unsachgemäßer Ausführung die Standsicherheit des Mauerwerks.
Problemloser ist eine chemische Behandlung der Sperrzonen, indem in Abständen von ca. 30 cm Löcher in das Mauerwerk gebohrt werden und diese mit Silikon, Wasserglas oder ähnlichem verfüllt werden. Im Mauerwerk verteilt sich dieses Sperrmittel und bildet eine wasserundurchlässige Schicht. Dieses Verfahren sollte man jedoch versierten Fachleute überlassen.

Gesetze und Normen: DIN 1053 Teil 1: Mauerwerk; Berechnung und Ausführung (besonders Abschnitte 5.2.1 g) und 5.2.2 f))
Allgemeine Handwerksregeln

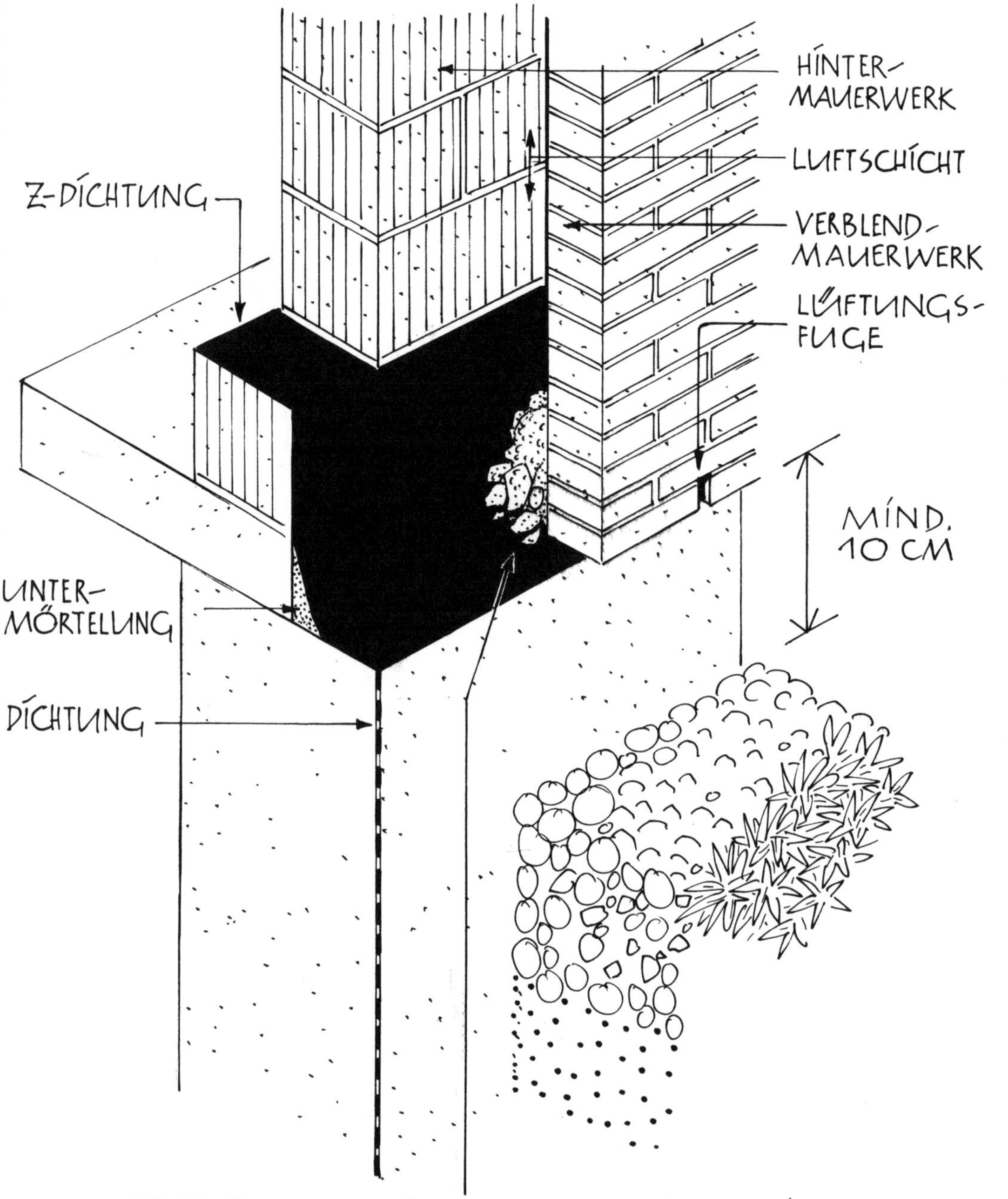

HERABFALLENDE MÖRTELBROCKEN DÜRFEN DIE LÜFTUNGSFUGEN ODER LÜFTUNGSSTEINE NICHT ZUSETZEN

Fehler: Außenmauerwerk mit einer Luftschicht zu versehen, ist besonders in Norddeutschland Tradition. Die Luftschicht in der Außenwand soll verhindern, daß Schlagregen das gesamte Mauerwerk durchfeuchtet. Sie ist also eine Sperre.
Das Herstellen von Luftschichtmauerwerk erfordert jedoch Sorgfalt, denn beim Mauern ist es nicht zu vermeiden, daß Mörtel in den Hohlraum der Luftschicht fällt und diesen verstopft.
Auch sieht die Konstruktion Belüftungs- und Entwässerungsöffnungen am Fuß der Luftschicht vor. Wenn diese Öffnungen durch Mauermörtel zugeschüttet sind, kann die gewünschte Luftzirkulation und Entwässerung nicht mehr erfolgen und die Vorteile der Luftschicht sind dahin.

Folgen: Da ein ordnungsgemäß ausgeführtes Luftschichtmauerwerk die kalte und feuchte Außenschale von der Innenwand trennt, machen sich Fehler in dieser Konstruktion deutlich bemerkbar, denn die Feuchtigkeit der Außenschale wandert über die Mörtelbrücken in die Innenwand.
Darüber hinaus sind diese Mörtelbrücken eine Unterbrechung der Wärmedämmung (Luftschicht), sie leiten punktweise die Wärme aus dem Innenmauerwerk.

Abhilfe: Eine Renovierung von unsauber gemauerten und teilweise verfüllten Luftschichten ist nicht möglich. Es sei denn, die gesamte Verblendschale wird wieder abgerissen und komplett neu aufgemauert.
Ein Einfüllen von Hartschaumgranulat oder das Ausschäumen der Hohlräume mit Montageschaum bringt keinerlei Erfolg, da die Kältebrücken durch den eingelagerten Mörtel nicht beseitigt werden.
Bei großen Feuchtigkeitsschäden, die bis zum Innenbereich vordringen, kann eine ganzflächige Imprägnierung mit Silikon oder Acryl für einige Zeit Abhilfe bringen. Sie muß dann in Abständen wiederholt werden.

Gesetze und Normen: DIN 1053 Teil 1: Mauerwerk; Berechnung und Ausführung (besonders Abschnitt 3.2)

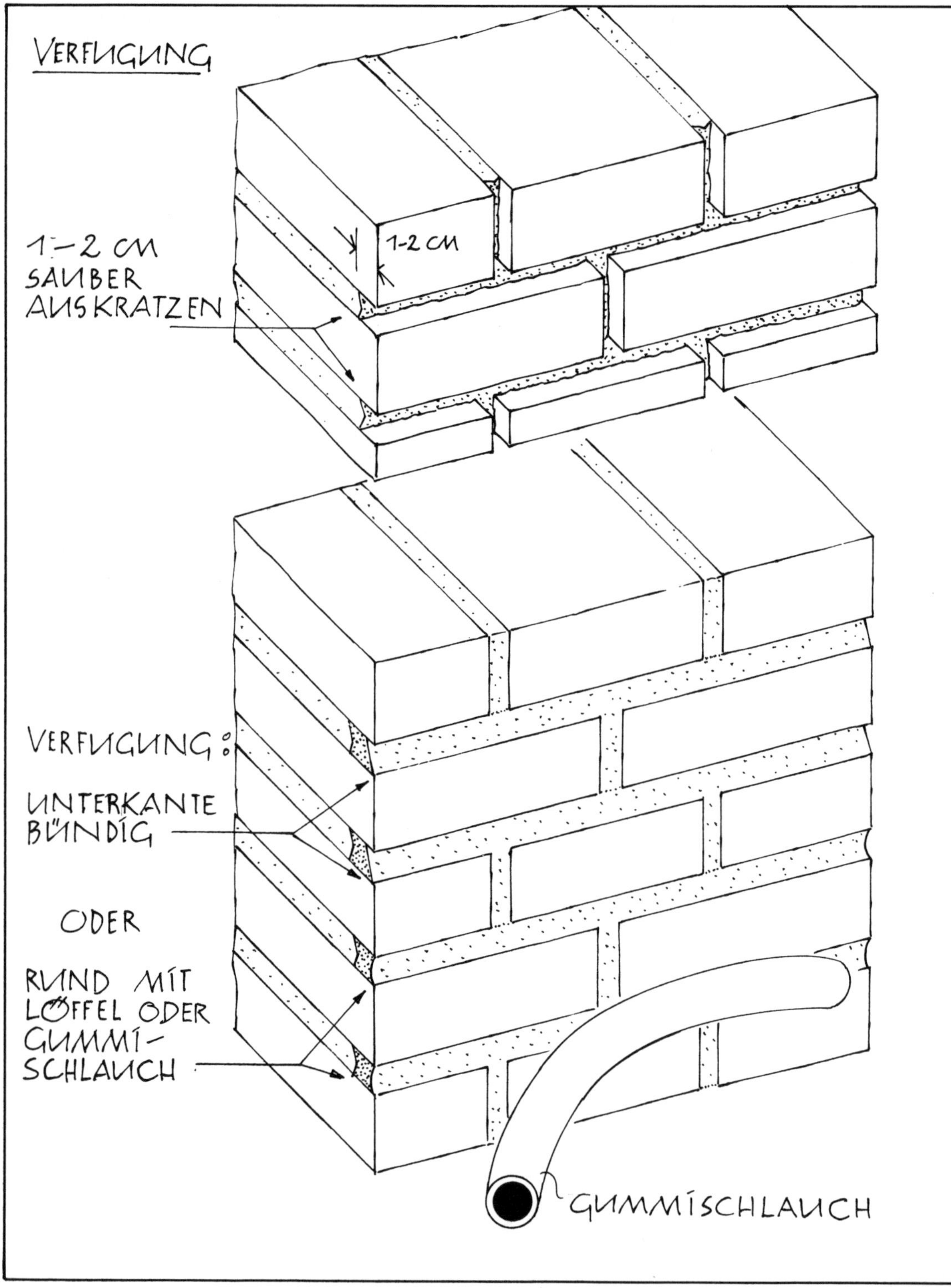
VERFUGUNG
1–2 CM
SAUBER
AUSKRATZEN
1-2 CM
VERFUGUNG:
UNTERKANTE
BÜNDIG
ODER
RUND MIT
LÖFFEL ODER
GUMMI-
SCHLAUCH
GUMMISCHLAUCH

Fehler: Bei Verblendfassaden werden die Sichtmauerwerksfugen nach dem Mauern ca. 15 mm tief ausgekratzt. Dies geschieht, indem der Maurer mit der Fugenkelle von oben und unten in die Fuge einschneidet und somit den vorderen Bereich der Mauerwerksfuge vom frischen Mörtel freimacht. Dieser handwerkliche Vorgang ist von wichtiger Bedeutung für die spätere Regendichtigkeit des Mauerwerks. Die Fuge soll sauber und frei von Mörtelresten sein. Ferner wird das Mauerwerk mit Wurzelbürste und verdünnter Salz- oder Essigsäure gereinigt und mit reichlich Wasser nachgespült, um die Säurereste zu entfernen. Danach wird die Fuge mit Fertigfugenmörtel oder einer Mischung aus Feinsand und Zement flächenbündig oder mit leichtem Unterschnitt an der Steinoberkante verfüllt.
Werden diese Arbeiten nicht fachgerecht ausgeführt oder das Verfugungsmaterial zu dünn aufgetragen, wird die Fassade nicht schlagregendicht.
Oft erkennt man an den Fugenrändern Reste des Mauermörtels durch andere Farbabstufungen. Hier kann das Wasser direkt eindringen.

Folgen: Verbleiben Reste des Mauermörtels im vorderen Fugenbereich, so dringt bei Regen Feuchtigkeit in den Mauermörtel, der durch seine Kalkanteile wassersaugend ist. Das gesamte Mauerwerk durchfeuchtet. Folgen sind Ausblühen durch austretende Salze, die durch die Feuchtigkeit im Mauerwerk gelöst wurden. Als weiterer Schaden wird bei Frost durch die Wasseranteile in der Fuge der vordere Bereich der Verfugung herausgesprengt.

Abhilfe: Der vordere Teil der Fuge, also ca. 15 mm, muß bei nicht fachgerechter Verarbeitung wieder herausgestemmt werden.
Hierzu verwendet man ein spezielles „Fugeneisen“. Dies ist ein Flacheisen mit einem seitlichen Dorn. Mit dem Stemmhammer (Fäustel) wird jetzt seitlich auf das Fugeneisen geschlagen und durch den Dorn die Verfugung nach vorn herausgedrückt. Dabei werden auch die Reste des Mauermörtels im vorderen Bereich entfernt. Danach erfolgt eine Reinigung der Verblendsteine wie oben beschrieben mit anschließender Neuverfugung.

Hinweis:
Als Alternative bietet sich bei Neubauten die Vermauerung mit wasserabweisendem Fertigmörtel an. Die Verwendung eines speziellen Fugenmörtels entfällt, die Verfugung wird mit der Vermauerung in einem Zuge hergestellt.

Gesetze und Normen: DIN 1053 Teil 1: Mauerwerk; Berechnung und Ausführung (besonders Abschnitt 5.1)
Allgemeine Handwerksregeln

TEST'S ZUR HAFTUNG VON ANSTRICHEN

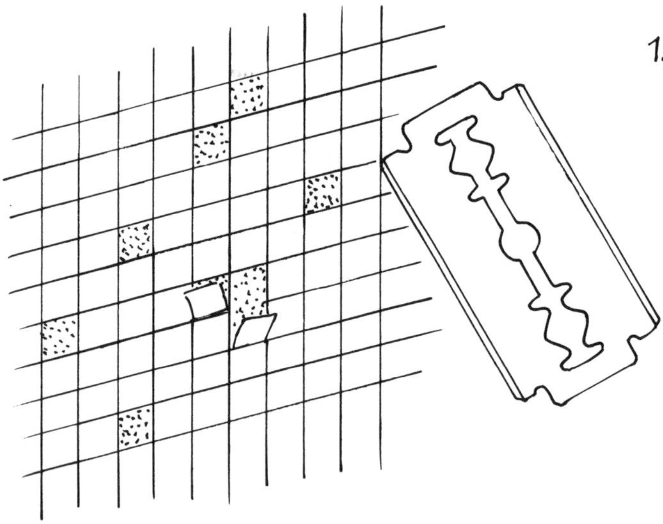

1. GITTERSCHNITT

DIE FARBSCHICHT IST FÜR EINEN NEUEN ANSTRICH TRAGFÄHIG, WENN WENIGER ALS 20% DER FELDER HERAUSBRECHEN.

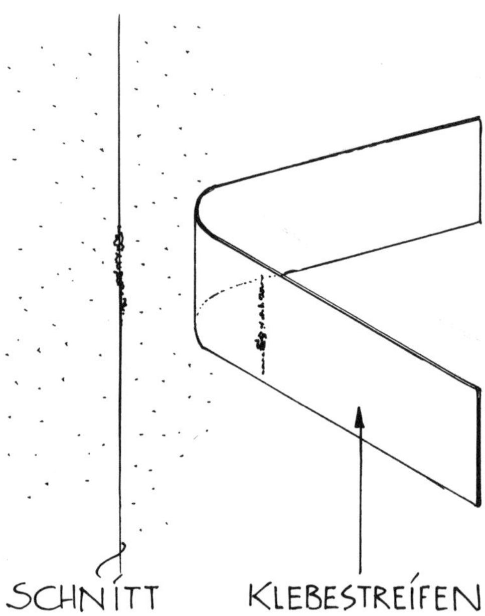

2. ABREISSTEST

DIE FARBSCHICHT IST FÜR EINEN NEUEN ANSTRICH TRAGFÄHIG, WENN KEINE ODER NUR WINZIGE TEILE AM KLEBSTREIFEN HAFTEN BLEIBEN.

Fehler: Fassadenanstriche sollen das Gebäude farblich gestalten und der Fassade einen Wetterschutz verleihen. Jedoch sind weitere Anforderungen an den Anstrich zu stellen: der Anstrich soll ca. 10 Jahre Lebensdauer haben, er darf nicht abblättern oder Risse bilden. Er muß atmungsaktiv sein und Feuchtigkeit aus dem Innenraum an die Außenluft abgeben (diffundieren), dabei soll er jedoch regendicht sein. Ferner soll er nicht durch Sonneneinstrahlung verbleichen.

Folgen: Wird vor Ausführung der Anstricharbeiten keine Untergrundbehandlung vorgenommen, muß mit dem Ablösen der Farbe gerechnet werden. Der Untergrund soll fettfrei, trocken, sauber (frei von Staub, Algen, Moos) und ausreichend tragfähig, das heißt frei von losen Putzteilen oder losen Altanstrichen, sein.
Bei zu frischen, nicht abgebundenen Putzen zieht sich der Anstrich borkenartig zusammen und bildet keine geschlossene Oberfläche; Feuchtigkeit kann eindringen und der Anstrich löst sich in diesem Bereich.
Sind alte Farbanstriche vorhanden, ist vor Ausführung des Neuanstriches zu prüfen, ob alte und neue Farbe eine chemische Reaktion eingehen, die zur Ablösung des Altanstriches führt oder ein Aushärten des Neuanstriches verhindert.

Abhilfe: Sind falsche Anstriche (Farben) aufgebracht worden oder ist die Untergrundbehandlung nicht oder mangelhaft ausgeführt worden, ist eine „Reparatur" des Anstrichs nicht möglich. In solchen Fällen ist der Anstrich mit Heißdampfhochdruck oder Abbeizmittel vollständig zu entfernen. Kleine Risse sollten aufgetrennt werden und mit Acryldichtungsmasse oder ähnlichem verpreßt werden. Eine Grundierung ist in Abstimmung auf die folgenden Farbschichten vorzunehmen, danach in zwei Arbeitsgängen der neue Anstrichaufbau auszuführen. Für Fassadenanstriche eignen sich Wasserglasfarben, Silikatfarben oder Bindefarben. Hierbei sind die jeweiligen Verarbeitungsrichtlinien der Hersteller zu beachten.

Gesetze und Normen: DIN 18 363: Anstricharbeiten

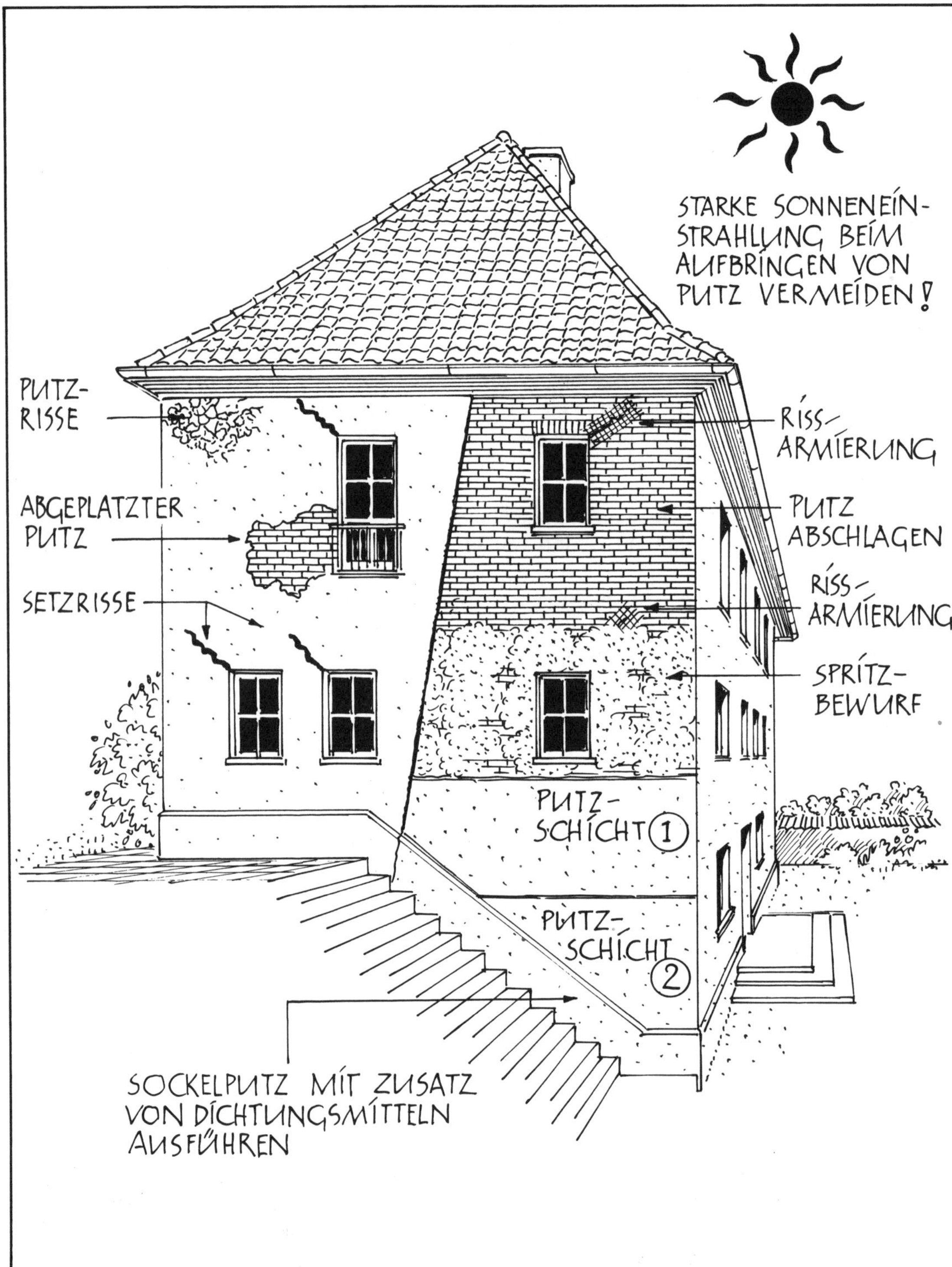
STARKE SONNENEIN-
STRAHLUNG BEIM
AUFBRINGEN VON
PUTZ VERMEIDEN!
PUTZ-
RISSE
ABGEPLATZTER
PUTZ
SETZRISSE
RISS-
ARMIERUNG
PUTZ
ABSCHLAGEN
RISS-
ARMIERUNG
SPRITZ-
BEWURF
PUTZ-
SCHICHT ①
PUTZ-
SCHICHT ②
SOCKELPUTZ MIT ZUSATZ
VON DICHTUNGSMITTELN
AUSFÜHREN

Fehler: Im Gegensatz zu Norddeutschland werden im Süden und Osten der Bundesrepublik Hausfassaden und Außenwände traditionell eher verputzt, als mit Sichtmauerwerk versehen. Gegen diese Baumethode gibt es keinerlei Einwände, denn eine gute Putzfassade trotzt der Witterung genauso gut wie Verblendmauerwerk und hat sogar noch den Vorteil einer besseren Feuchtigkeitsableitung aus der Wand.
In den letzten zehn Jahren ist jedoch das richtige Verputzen von Wänden ein wenig in Vergessenheit geraten. Moderner Putzmörtel wird kaum noch allein aus Sand, Kalk und Zement angemischt, sondern es werden verschiedene Zutaten beigegeben. Sie sollen im wesentlichen dazu beitragen, daß sich der Putz besser verarbeiten läßt und nicht so schnell aushärtet. Diese arbeitstechnischen Vorteile werden häufig mit Nachteilen in der Haltbarkeit erkauft. Der Putz bekommt Risse und die organischen Quellmittel führen mit der Zeit zur Auflösung der Mörtelschicht.
Vielfach wird mit reinem Kunststoff-Edelputz fertig aus dem Eimer gearbeitet ohne vorher zu überprüfen, ob der Untergrund auch die nötige Festigkeit bietet, oder schon Imprägnierungsmittel enthält. Diese unsichtbaren Chemikalien im Gefüge der alten Putzfläche können eine feste Verbindung mit dem neuen Edelputz verhindern oder das Ablösen schon nach wenigen Jahren verursachen.

Folgen: Nicht das Abblättern und Abfallen von großen Putzflächen steht am Anfang der Zerstörung einer Putzfassade, sondern es bilden sich zuerst feine Spannungs- und Haarrisse. In diese Risse dringt Feuchtigkeit und der Frost sorgt im nächsten Winter dafür, daß der Putz weiter aufgesprengt wird. Das führt letztlich zum Durchfeuchten der Wand und damit zu den bekannten großen Putzschäden.

Abhilfe: Wenn eine Putzfassade Risse bekommt oder sich ganze Putzflächen lösen, hilft das Ausbessern von Einzelteilen wenig. Die ganze Fassade muß abgeklopft werden, damit sich auch die Putzteile lösen, die bereits keine feste Haftung zum Untergrund mehr haben. Auch die sichtbaren Risse müssen mit Hammer und Meißel so erweitert und ausgestemmt werden, daß man sicher sein kann, alle losen Teile entfernt zu haben. Beim Neuverputz kann ein verzinktes Drahtgewebe eingelegt werden, um wie eine Betonarmierung dafür zu sorgen, daß der Riß nicht wieder aufplatzt. Dies ist jedoch nur dann zu empfehlen, wenn man sicher sein kann, daß das Gebäude sich nicht mehr bewegt oder in der Wärme dehnt (siehe auch Dehnungsfugen). Beim Verputzen von abgefallenen Flächen ist darauf zu achten, daß vorher ein Spritzbewurf mit Zementmörtel erfolgt und daß der darauf folgende Außenputz nicht zuviel Zement in seiner Mischung aufweist. Je weicher der Außenputz (wenig Zementanteil), desto besser ist seine Feuchtigkeitsabgabe und um so weniger neigt er zu neuen Spannungsrissen. Reparaturen an Putzfassaden oder das Neuverputzen von Außenwänden dürfen nicht bei starker Sonneneinstrahlung durchgeführt werden.

Gesetze und Normen:
DIN 18 350: Putz- und Stuckarbeiten
DIN 18 550: Putz; Baustoffe und Ausführung

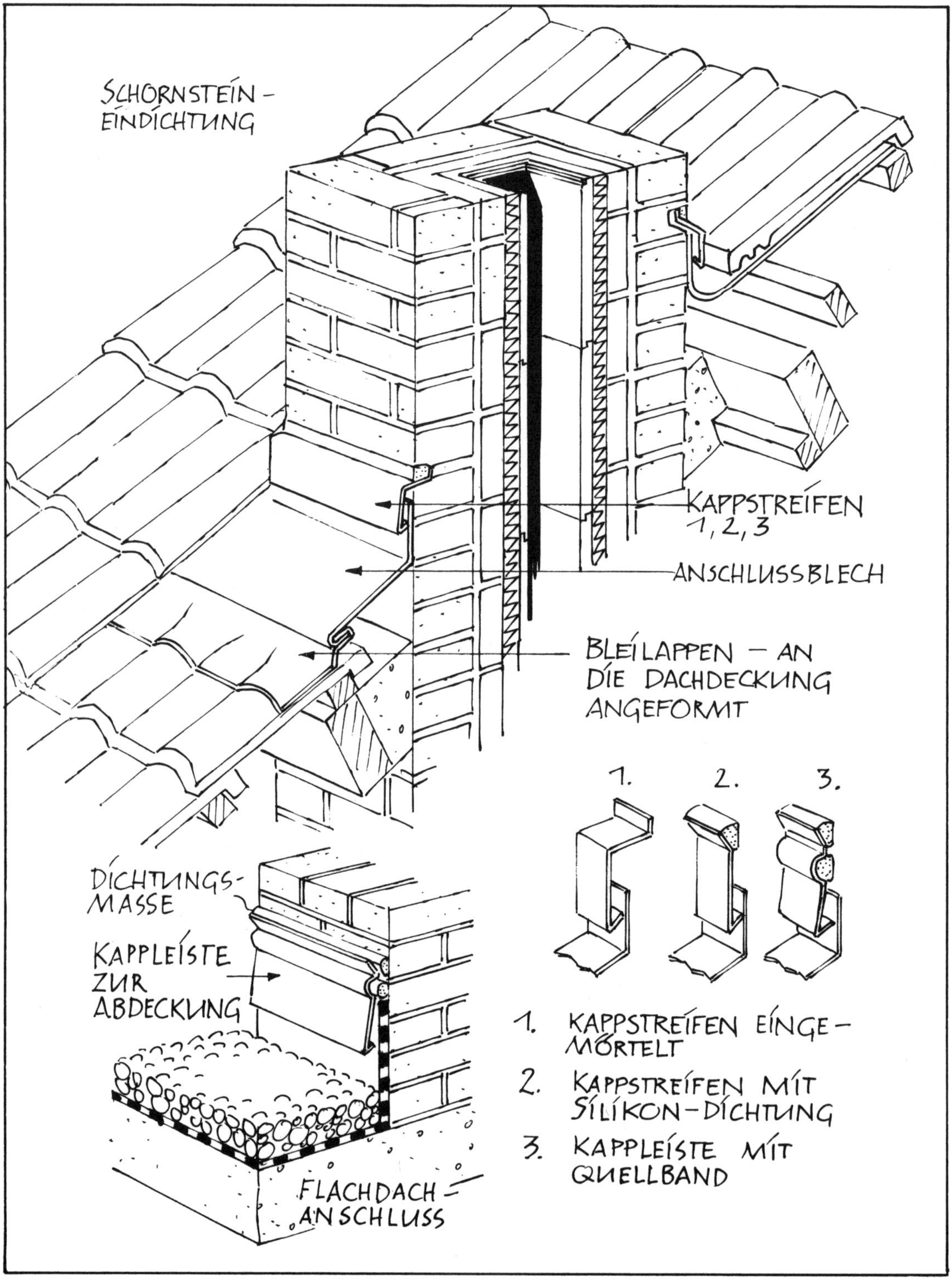
SCHORNSTEIN-
EINDICHTUNG
KAPPSTREIFEN
1, 2, 3
ANSCHLUSSBLECH
BLEILAPPEN – AN
DIE DACHDECKUNG
ANGEFORMT
1.
2.
3.
DICHTUNGS-
MASSE
KAPPLEISTE
ZUR
ABDECKUNG
1. KAPPSTREIFEN EINGE-
MÖRTELT
2. KAPPSTREIFEN MIT
SILIKON-DICHTUNG
3. KAPPLEISTE MIT
QUELLBAND
FLACHDACH-
ANSCHLUSS

Fehler: Auch moderne Dachkonstruktionen bieten eine große Anzahl von möglichen Leckstellen, wenn nicht ordnungsgemäß gearbeitet oder allzusehr auf die Möglichkeiten der modernen Technik vertraut wird.
Für den Übergang zwischen Gesimsen und Dachhaut, dort wo der Schornstein durchs Dach stößt, wo Regenrinnen eingelassen sind und wo Firste einer besonderen Abdichtung bedürfen, werden im allgemeinen Dichtungsstreifen aus Zink oder Bleiblech verwendet.
Diese Bleche müssen nicht nur ausreichend breit sein, um das Unterwandern von Wasser und Flugschnee zu vermeiden, sie müssen auch in die jeweiligen Bauteile, wie zum Beispiel das Schornsteinmauerwerk eingelassen und vermörtelt werden. Vielfach wird aus Kostengründen – und weil es schneller geht – auf die traditionell bewährte Handwerksarbeit verzichtet und statt dessen mit dauerelastischen Dichtungsmassen gearbeitet. Diese Dichtungsmassen sind zwar gute Produkte, sie haften jedoch nicht immer auf allen Bauteilen und besonders dann nicht, wenn der Untergrund nicht staub- und fettfrei ist.

Folgen: Wenn Dichtungsmassen nicht ordentlich haften, Metallprofile zu klein oder Bleibleche nicht genügend angeklopft sind, bilden sich Öffnungen für eindringendes Wasser und auch für Flugschnee. Die Schäden sind unterschiedlich. Gesimsbretter- und Kanten verfaulen dann schnell und das Mauerwerk an Schornsteinköpfen bekommt Frostschäden. Auch durchfeuchtet auftauender Flugschnee den Fußboden des Bodenraumes oder die Wärmedämmung in der Dachkonstruktion.

Abhilfe: Schlecht eingesetzte Metallprofile und Zinkkanten müssen nachgearbeitet werden. Viele moderne Aluminiumprofile haben einen eingearbeiteten Dichtungsstreifen, der nach dem Einbau langsam aufquillt und sich den Unebenheiten von Dach oder Mauerwerk dichtend anpaßt. Diese Profile sind zwar teuer, haben sich jedoch ausgezeichnet bei der Renovierung von Anschlüssen im Dachbereich bewährt.
Das nachträgliche Verfugen mit dauerelastischem Silikonkautschuk kann zwar für einige Jahre Erfolg haben, ersetzt jedoch nicht die handwerksgerechte Eindichtung.

Gesetze und Normen: Allgemeine Handwerksregeln
Der Zentralverband des Dachdeckerhandwerks e.V. hat ein Handbuch herausgegeben mit dem Titel: Fachregeln des Dachdeckerhandwerks. In diesem Buch werden alle gebräuchlichen Dacheindeckungen und Dachanschlüsse ausführlich beschrieben.

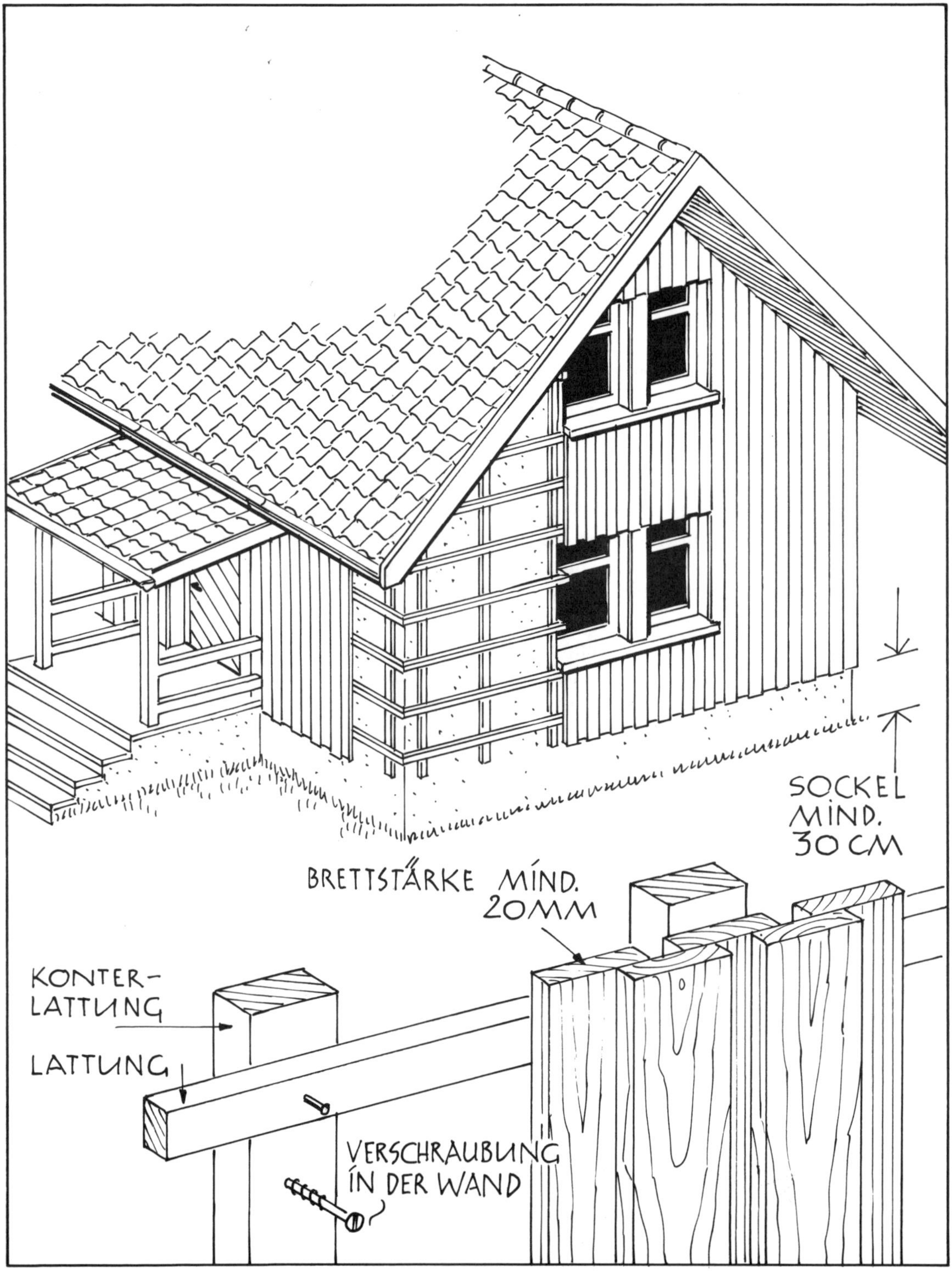
SOCKEL
MIND.
30 CM
BRETTSTÄRKE MIND.
20MM
KONTER-
LATTUNG
LATTUNG
VERSCHRAUBUNG
IN DER WAND

Fehler: Für Fassaden und Verkleidungen sind Holzbretter ein traditionell guter Baustoff. Gesimse, Dachunterstände oder gar ganze Wandflächen werden nicht nur zur Optik, sondern vielfach auch zum Wetterschutz mit Brettern verkleidet.
Leider hat sich durch Billigangebote die Qualität dieser Verkleidung erheblich verschlechtert. Sie werden meist nicht mehr in der notwendigen Holzdicke von 20 mm eingebaut, sondern im Baumarkt kann man auch Bretter kaufen, die nur 9 mm dick sind. Diese, eigentlich für den Innenbereich bestimmten Verkleidungen, halten der Feuchtigkeit und der Sonneneinstrahlung nicht stand und reißen oder krümmen sich.
Auch läßt die Befestigung häufig zu wünschen übrig. Blechkrallen, die nur mit 20 mm kurzen Stiften in der Unterkonstruktion verankert werden, halten dem Aufquellen des Holzes bei Regen oder dem nachfolgenden Austrocknen nicht stand und werden herausgerissen.

Folgen: Wenn die Fassadenverbretterung mangelhaft ausgeführt ist, führen Risse und Verwerfungen zum Eindringen von Regen und Feuchtigkeit, die dann über die Befestigungen auch ins Mauerwerk eindringt. Bei Sturm können ganze Verkleidungen abgerissen werden und wenn Befestigungskrallen verwendet wurden, die eigentlich nur für den Innenbereich zulässig sind, können Rostfahnen an den Brettern herunterlaufen.

Abhilfe: Bei Verbretterungen ist zu überprüfen, ob sie eine dahinterliegende Wärmedämmung oder eine unverputzte Wand vor Regen schützen müssen und ob sie dieser Aufgabe gerecht werden. In den verschiedenen Regionen der BRD gibt es unterschiedliche Hauptwind- und Regenrichtungen, die man beim Haus als Wetterseite bezeichnet. Hier muß der Schutz optimal sein. Wird festgestellt, daß die Wetterseite des Hauses mit zu dünnen und schlecht befestigten Verbretterungen verkleidet ist, sollte man bei der nächsten Renovierung eine neue Bretterlage auf einer soliden Unterkonstruktion montieren, wobei darauf zu achten ist, daß mindestens eine Brettdicke von 20 mm gewählt wird. Das ist wichtiger als häufiges Imprägnieren. Der Schutz des Holzes vor Regen und Luftfeuchtigkeit ist immer dann gewährleistet, wenn auch hinter der Verkleidung ein Zwischenraum zur Dauerlüftung besteht.

Tip: Anstriche und Imprägnierungen haften auf frischem Holz nicht allzu gut. Wer seine Fassadenverbretterung ein Jahr lang unbehandelt der Witterung aussetzt, schafft danach einen ausgezeichneten Haftgrund für Imprägnierungen.

Gesetze und Normen: Allgemeine Richtlinien des Tischler- und Zimmerhandwerks sowie Vorschriften der Imprägnierungshersteller

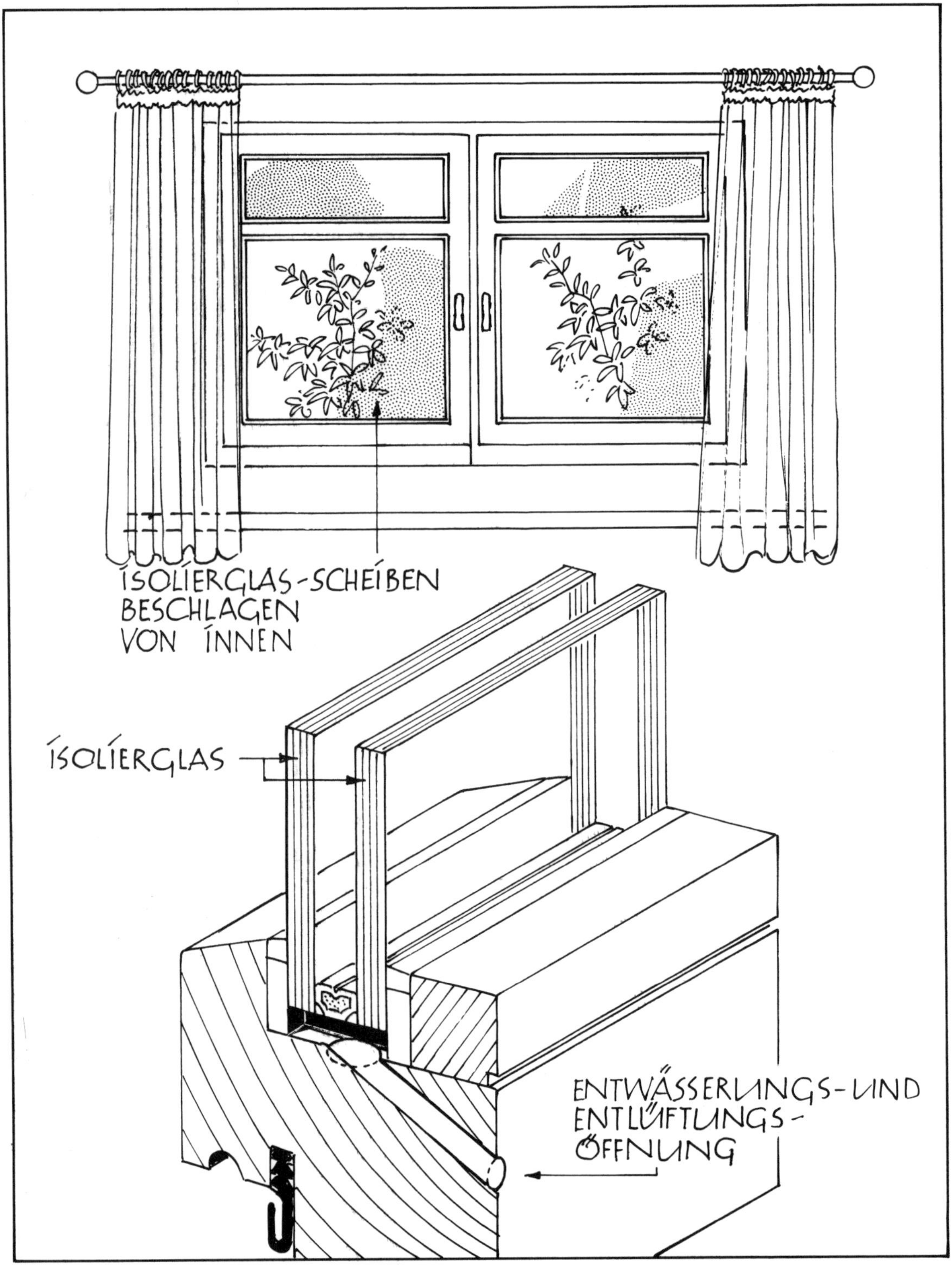
ISOLIERGLAS-SCHEIBEN
BESCHLAGEN
VON INNEN
ISOLIERGLAS
ENTWÄSSERUNGS- UND
ENTLÜFTUNGS-
ÖFFNUNG

Fehler: Das moderne Isolierglas macht aus Fenstern zwar keine Energiesparer, aber bietet dem Abwandern von Heizwärme deutlich Einhalt. Gegenüber einer einfachen Glasscheibe ist es relativ teuer, wenn man bedenkt, daß bereits nach zehn Jahren ein Austausch notwendig werden kann, wenn in den Luftraum zwischen den beiden Scheiben Feuchtigkeit eingedrungen ist. Häufig ist falscher Einbau die Ursache für diesen Mangel, denn die Verklebung der Isolierglasscheibe wird vom Regen- oder Kondenswasser, das in den Fensterfalz eindringt, mit der Zeit aufgelöst.

Folgen: Die Scheibe beschlägt im Inneren, und das ist nicht zu reparieren. Doch damit nicht genug. Da der Luftspalt zwischen den Gläsern als Wärmeisolierung dient, ist das Eindringen von Feuchtigkeit auch mit einem Verlust an Wärmedämmung verbunden, der mit 10 bis 20 Prozent anzusetzen ist.

Abhilfe: Wenn die Scheibe bereits blind ist, kann man von außen keine Abhilfe schaffen. Die Scheibe muß ausgetauscht werden. Damit das Problem jedoch nicht so schnell wieder auftaucht, sollte beim Neueinbau folgendes berücksichtigt werden:
Regenwasser enthält heute einen geringen, aber meßbaren Säureanteil und Kondenswasser, welches im Winter in den Fensterfalzen – auch bei Isolierscheiben – unvermeidlich ist, hat die unangenehme Eigenschaft, aufgrund seiner chemischen Reinheit, dem Kleber zwischen den Scheiben wichtige Bestandteile zu entziehen und ihn brüchig und luftdurchlässig zu machen.
Dieses Auflösen des Klebers kann verhindert werden, wenn beim Einbau der Scheibe im Falz (speziell unten) genügend Spielraum bleibt. Das heißt die Scheibe steht auf Distanzklötzen und Bohrungen in den Falz sorgen dafür, daß einerseits eingedrungenes Wasser ablaufen kann, andererseits der Falz belüftet wird und austrocknet. Diese Bohrungen werden heute bei der Mehrzahl aller Einbauten von Isolierglasfenstern nicht oder nicht richtig ausgeführt.

Gesetze und Normen: DIN 18 361: Verglasungsarbeiten (besonders Abschnitt 2.3.7)

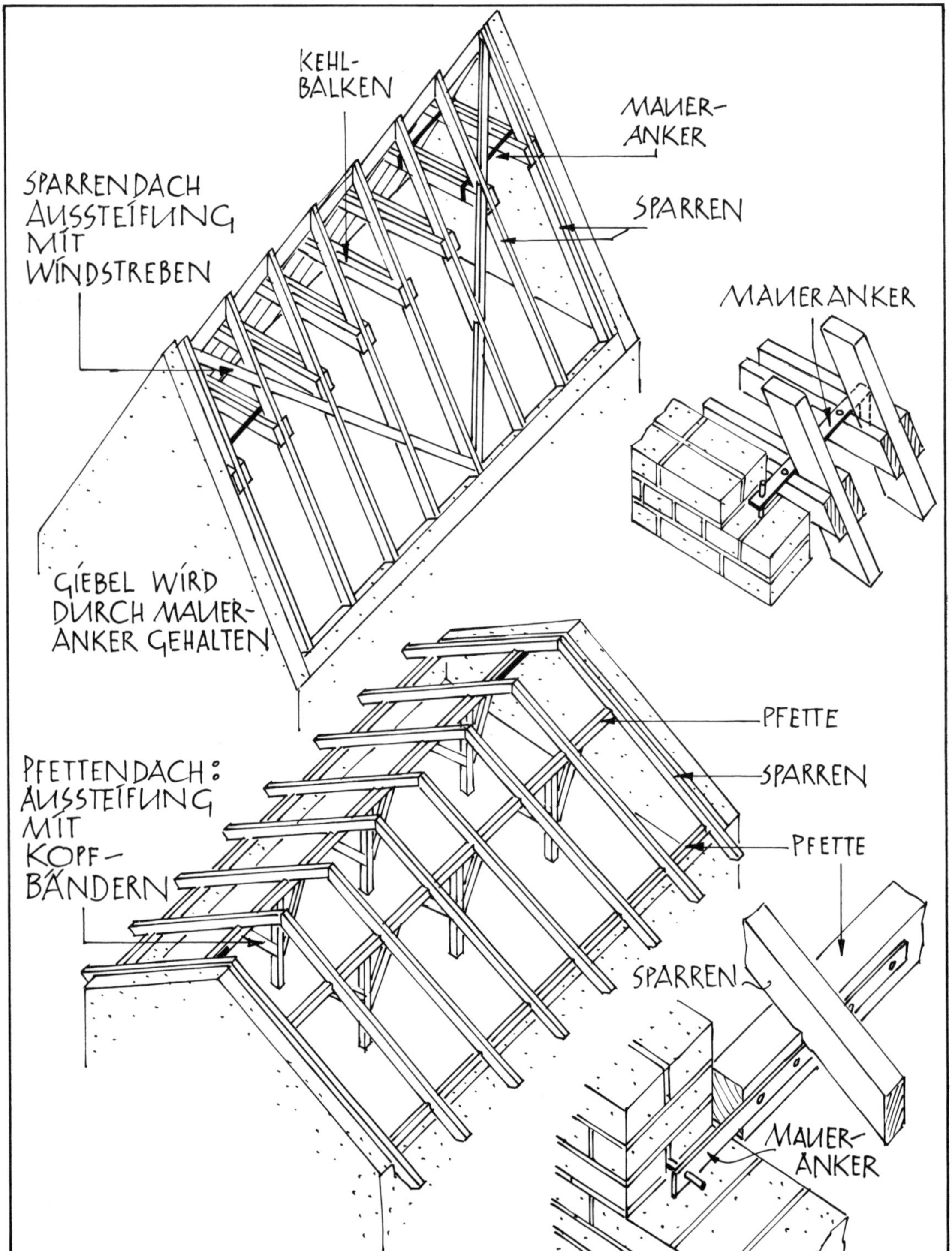
KEHL-
BALKEN
MAUER-
ANKER
SPARRENDACH
AUSSTEIFUNG
MIT
WINDSTREBEN
SPARREN
MAUERANKER
GIEBEL WIRD
DURCH MAUER-
ANKER GEHALTEN
PFETTE
PFETTENDACH:
AUSSTEIFUNG
MIT
KOPF-
BÄNDERN
SPARREN
PFETTE
SPARREN
MAUER-
ANKER

Fehler: Weil sie beim nachträglichen Ausbau von Dachgeschossen stören, werden Windstreben, die an den Unterseiten der Dachhölzer diagonal von Traufe zum Firstpunkt laufen, entfernt. Es wird angenommen, daß die neu eingebauten Ausbauplatten oder Verbretterungen zur Aussteifung des Daches genügen. Bei Pfettendächern sieht man an den Stützen diagonal angebaute Hölzer (Kopfbänder), deren Sinn für den Laien nicht sofort erkennbar ist. Die horizontal unter den Dachsparren verlaufenden, starken Abfanghölzer (Pfetten), vermitteln einen soliden, tragfähigen Eindruck. Deshalb werden die Kopfbänder bei Dachausbauten nicht selten bedenkenlos entfernt, weil zum Beispiel eine Tür an dieser Stelle eingebaut werden soll.

Folgen: Werden aussteifende Hölzer im Dachgeschoß demontiert, so können die Windkräfte von den Giebeln nicht im Dachgebälk aufgenommen werden. Wenn auch die Ausbauplatten im Dach den Einsturz verhindern, so sind die Platten nicht in der Lage, die auftretenden Windkräfte aufzunehmen, die Befestigungsmittel für die Platten (kleine Nägel, Schrauben, Klammern) sind zu schwach.
Es entstehen Bewegungen im Dachgebälk, die Ausbauplatten reißen an Stößen und Anschlüssen, der Mörtelverstrich der Dachpfannen löst sich, die Dachpfannen erhalten Risse. Die Giebelwände können die Windkräfte (ca. 40 kg/qm, das sind bis zu 1000 kg auf den gesamten Giebel) nicht allein aufnehmen, auch sie werden durch die Dachkonstruktion gehalten.

Abhilfe: Bei ausgebauten Dächern schneidet man die Windstreben zwischen den Dachsparren ein und befestigt sie unter den Latten, seitlich am Sparren mit Winkelblechen. So ist auch der Einbau vom Dämmaterial zwischen den Sparren möglich.
Die Windstreben sollen gerade verlaufend von der Traufe bis zum First geführt werden. Läßt sich die Demontage eines Kopfbandes aus planerischen Gründen nicht vermeiden, so sind zur Aussteifung an anderer Stelle Streben einzusetzen. Die Verankerung der Giebel mit dem Dachholz darf auf keinen Fall entfernt werden!

Gesetze und Normen:
Statische Berechnung des Hauses
DIN 1055 Teil 4: Lastannahmen für Bauten; Verkehrslasten, Windlasten nicht schwingungsanfälliger Bauwerke
Allgemeine Handwerksregeln

INNENAUSBAU

Behaglich, praktisch, pflegeleicht

Wohnqualität ist zunächst einmal etwas Praktisches. Ein Haus muß funktionieren, es muß den Tagesablauf seiner Bewohner so leicht und angenehm wie möglich machen. Das fängt bei einer sinnvollen und funktionalen Anordnung der Räume an und endet mit der richtigen Auswahl der zu verwendenden Baumaterialien. Ein Wohnhaus muß robust sein – keine Ausstellung für schöne Möbel, zwischen denen man sich nur auf Filzpantoffeln bewegen darf. Wer unbedingt alles in Weiß haben möchte und sogar den Fußboden weiß lackiert, muß in Kauf nehmen, daß er sich damit in seiner Bewegungsfreiheit erheblich einschränkt. Denn schmutzige Schuhe und weiß lackierte Dielen machen den Fußboden zum permanenten Pflegefall. Auch ist Teppichboden in Bad oder Küche sicher fehl am Platz, trotz wasserfester Qualität, denn Feuchtigkeit und Mikrostaub bilden schon nach kurzer Zeit ideale Wachstumsbedingungen für Bakterien und Mikroorganismen, die Raumklima und Gesundheit belasten.

Schimmelpilz braucht Zellulose

Der Innenausbau muß ebenfalls den unterschiedlichen Klimazonen im Haus Rechnung tragen. In der Küche werden beim Kochen täglich erhebliche Dampfmengen produziert, in die meist noch Fettdünste eingelagert sind, die sich als schmieriges Kondensat an allen Teilen des Raumes niederschlagen und nur schwer oder gar nicht zu entfernen sind. Deshalb gilt die Regel: je kleiner die Küche, desto größer muß die Luftklappe im Fenster sein, auch wenn eine Abzugshaube mit Ventilator eingebaut oder vorgesehen ist.
Gleiches gilt fürs Bad. Holzverkleidete oder lackierte Wände können zwar architektonisch reizvoll sein, besser jedoch sind geflieste Wände, die man abwaschen kann und auf denen sich kein Schimmelpilz festsetzen kann. Schimmelpilz ist nur selten eine Folge mangelnder Wärmedämmung und falsch gebauter Wände. Er lebt von der Feuchtigkeit, die im Haus produziert wird und wächst besonders gut auf allen Materialien, die Zellulose, zum Beispiel Holzfasern in Rauhfaser-Tapeten, enthalten. Auch Leim- und Dispersionsfarben mit Zelluloseanteil sind für ihn ein guter Nährboden. Deshalb sollten alle Feuchträume mit rein mineralischen Anstrichen versehen werden. Dadurch wird dem Schimmelpilz die Nahrung entzogen und gegen die Feuchtigkeit muß gelüftet werden, auch wenn es Energie kostet. Mehr dazu auch im Thema Raumklima.

Problem Schallschutz

Das tägliche Zusammenleben einer Familie auf dem verhältnismäßig engen Raum eines Hauses erfordert Gewöhnung und Rücksichtnahme. Die stößt jedoch häufig an ihre Grenzen, wenn die Schalldämmung im Haus nicht stimmt. Gegen die Phonstärken einer modernen Stereoanlage helfen zwar dicke Mauern, aber wenn die Zimmertüren aus dünnem Sperrholz oder Hartfaserplatten sind, dringt der Schall fast ungehindert in alle angrenzenden Bereiche. Solide Türen, auch im Innenbereich, sind deshalb keine Fehlinvestition.

Ein weiteres Problem ist der Trittschall, der, wie sein Name schon sagt, besonders die Konstruktion von Fußböden und Decken im Wohnhaus betrifft. Moderne Betondecken mit ihrer großen, schallabsorbierenden Masse machen da wenig Ärger. Anders hingegen Holzbalkendecken in alten und neuen Häusern. Unsere Vorfahren schütteten zentnerweise Lehm oder Schlacke in die Hohlräume der hölzernen Decken, um den Schall zu bändigen. Das große Gewicht dieser Füllungen, auch Einschub genannt, mußte indes durch dickere Balken zusätzlich getragen werden. Doch moderne Bautechniker sparen gern, sowohl an Baumaterial als auch an Baukosten. Und dicke Balken kosten Geld. Deshalb wurde die Schalldämmung in vielen Einfamilienhäusern vernachlässigt, zumal die strengen Schallschutzvorschriften des Mietwohnungsbaus hier nicht gelten. Eine schalltechnisch mangelhafte Balkendecke kann man nicht mit „Glaswolle" sanieren. Hier hilft nur das Auflegen eines dicken Teppichbodens, der durch seine weiche und absorbierende Beschaffenheit bereits das Entstehen von Laufgeräuschen verhindert.

Funktionalität statt Optik

Bei der Planung von Wohnhäusern werden häufig Regeln angewendet, die zwar auf den ersten Blick logisch scheinen, in ihrer Konsequenz für die Bewohner aber keineswegs immer Vorteile bringen. Dazu gehört die Unsitte, das einzige Bad im Haus fast immer neben das Elternschlafzimmer zu planen; angeblich wegen der kurzen Wege. Darüber, daß es zu Geräuschbelästigungen kommen muß, wenn man einen der wichtigsten Funktionsräume direkt neben den wichtigsten Ruheraum legt, hat anscheinend kaum jemand nachgedacht.
Ob nun beim Neubau oder beim Umbauen und Renovieren, man sollte jede Maßnahme oder Idee gründlich auf ihre Funktion hin überprüfen und sich nicht von optischen Gags blenden lassen. Dann stellt sich nämlich schnell heraus, daß zum Beispiel der dekorative offene Kamin in der Diele nur zum Anschauen ist, denn in diesem Durchgangsraum kann auch das offene Feuer keine Behaglichkeit erzeugen. Besser ist es, den Kamin in eine Nische zu legen, die angenehme Atmosphäre der Geborgenheit stellt sich dann von selbst ein.
In vielen modernen Bau- und Ausbaumaterialien sind Chemikalien enthalten, die der Gesundheit schaden können. Darüber ist in der letzten Zeit viel diskutiert und leider auch polemisiert worden. Daß zum Beispiel Formaldehyd unserer Gesundheit schaden kann, steht fest. Aber in welcher Konzentration und in welchem Zeitraum? Doch man kann vorbeugen, es gibt nämlich ein wirksames Gegenmittel: es garnicht erst einbauen und sonst lüften, mindestens dreimal 10 Minuten pro Tag.

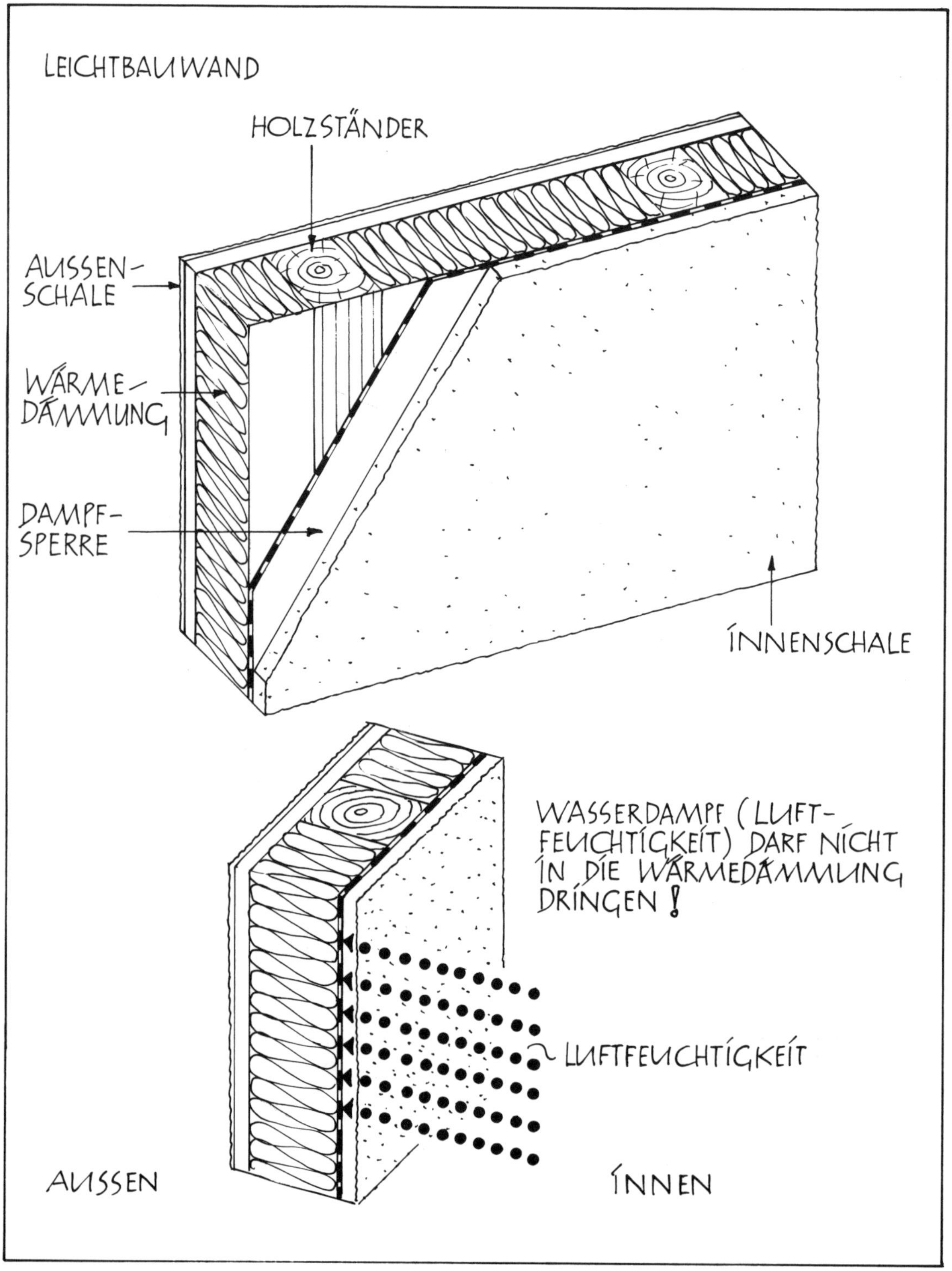
LEICHTBAUWAND
HOLZSTÄNDER
AUSSEN-
SCHALE
WÄRME-
DÄMMUNG
DAMPF-
SPERRE
INNENSCHALE
WASSERDAMPF (LUFT-
FEUCHTIGKEIT) DARF NICHT
IN DIE WÄRMEDÄMMUNG
DRINGEN!
LUFTFEUCHTIGKEIT
AUSSEN
INNEN

Fehler: Die Raumlauft in unseren modernen Wohnhäusern ist viel feuchter als allgemein angenommen. Statistisch ist erwiesen, daß die Wände und Konstruktionen eines Hauses mehr Probleme mit dem Raumklima haben, als mit der Feuchtigkeit aus Regen und Wetter.

Deshalb müssen moderne Leichtbauhäuser, die mit Holzbauteilen, eingelegter Wärmedämmung und Verkleidungen aus Gips- oder Spanplatten ausgestattet sind, sogenannte Dampfsperren bekommen, die verhindern, daß die feuchte Raumluft in die Wände und Konstruktionen eindringt. Diese Dampfsperren bestehen aus dünnen Aluminiumfolien, die unsichtbar unter der Holzverkleidung der Decke oder unter den Gipskartonplatten der Wände angebracht sind. Werden diese Folien nicht sorgfältig verlegt, an den Stößen nicht genügend überlappt oder gar beim Befestigen durchlöchert, dringt die Feuchtigkeit aus der Raumluft in die Konstruktion.

Je feuchter ein Raum, desto wichtiger die Dampfsperre. Küchen und Bäder müssen diesbezüglich viel sorgfältiger isoliert werden, als andere Wohnräume.

Folgen: Warme Raumluft kann viel Feuchtigkeit aufnehmen. Doch wenn die Luft dann abkühlt, zeigt sich diese Feuchtigkeit in Form von vielen kleinen Wassertröpfchen auf allen Bauteilen. Das beste Beispiel ist die kalte Fensterscheibe im Winter, auf der sich früher Eisblumen gebildet haben und die auch heute noch bei dem modernen Isolierglas beschlägt. Diese Feuchtigkeit nennt man Kondenswasser. Sie findet sich nicht nur sichtbar auf kalten Fensterscheiben, sondern auch auf allen Bauteilen, die kälter als die Raumluft sind.

Kommt es zum Beispiel in Außenwandkonstruktionen oder im Dachgebälk zu Kondenswasserbildung, können Holzbalken innerhalb weniger Jahre verfaulen und die eisernen Verbindungsteile durchkorrodieren. Auch die Wärmedämmung geht erheblich zurück, wenn Mineralwolle oder andere Dämmstoffe durchfeuchten.

Abhilfe: Wer nicht sicher ist, daß in seinem Haus ordnungsgemäße Dampfsperren eingebaut sind, sollte bei Holzhäusern oder Gebäuden in Leichtbauweise einen Fachmann konsultieren, wenn feuchte Flecken oder Schimmelpilz einen Bauschaden offensichtlich machen. Vielfach hilft auch längeres Lüften (über mehrere Tage), auch wenn dies im Winter Energie kostet.

Um danach das Wiederkehren der Schäden zu vermeiden, müssen dann entsprechende Metall- oder Kunststoffolien auf die Wände oder Decken vollflächig und dicht aufgeklebt werden. Diese Dampfsperren haben noch den zusätzlichen Vorteil, daß sie eventuell Fugen in den Wänden gegen Wind abdichten.

Gesetze und Normen: DIN 4108 Teil 3: Wärmeschutz im Hochbau; klimabedingter Feuchteschutz

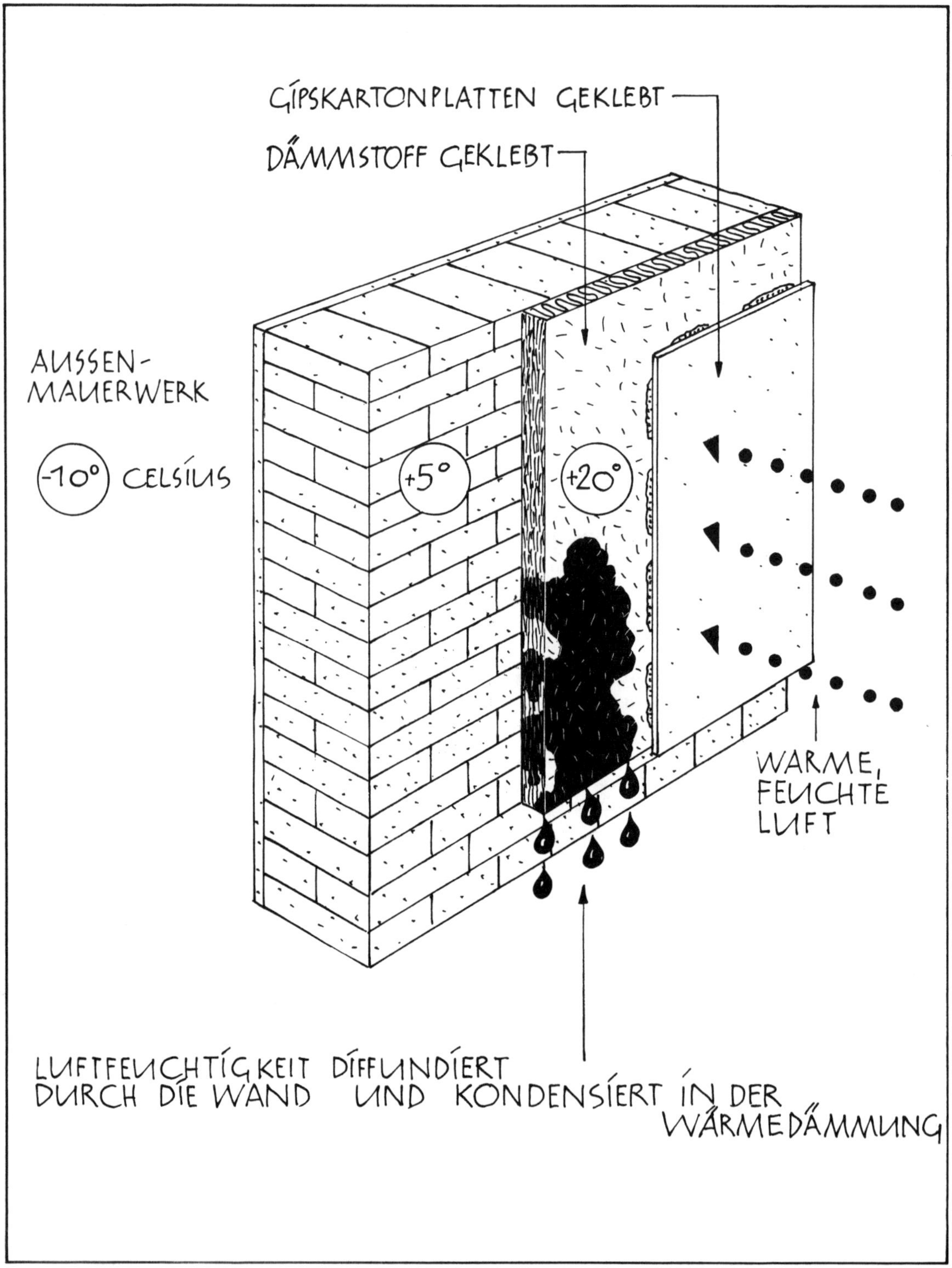
GIPSKARTONPLATTEN GEKLEBT
DÄMMSTOFF GEKLEBT
AUSSEN-
MAUERWERK
-10° CELSIUS
+5°
+20°
WARME,
FEUCHTE
LUFT
LUFTFEUCHTIGKEIT DIFFUNDIERT
DURCH DIE WAND UND KONDENSIERT IN DER
WÄRMEDÄMMUNG

Fehler: Soll eine zusätzliche Wärmedämmung auf Außenwänden aufgebracht werden, so ist eine innenliegende Dämmschicht zwar die einfachste, jedoch auch die schlechteste Lösung. Aus bauphysikalischen Gründen sollten Dämmschichten nicht auf die Innenseite der Außenwände angebracht werden. Sie werden dann völlig von der Raumwärme ausgesperrt, kühlen noch weiter aus und durchfeuchten mit der Zeit (Kondenswasser). Trotzdem wird diese Art der Dämmung besonders von Laien immer wieder ausgeführt. Auch der Anstrich „kalter" Wände mit Ölfarbe oder das Abkleben mit Aluminium-Folie verhindert die Atmung und Diffusion der Feuchtigkeit nach außen; der gewünschte Effekt kehrt sich ins Gegenteil.

Folgen: Bringt man Innendämmungen auf Außenwänden an, bewirkt man damit einen thermischen Zusammenbruch in der Wand. Ein ausgeglichenes Innenklima wird verhindert, da die Wand als Klimaspeicher nicht mehr funktioniert. Der Taupunkt der durch die Wand diffundierenden Luftfeuchtigkeit wird auf die Innenseite hinter die Dämmung verlegt, die kondensierende Feuchtigkeit mindert die Wärmedämmfähigkeit der Wand erheblich und ein „Teufelskreislauf" beginnt. Am Ende wird Innenputz und Mauerwerk zerstört und die Basis für Schimmelpilz und Hausschwamm geschaffen.

Abhilfe: Vorhandene Innendämmung baldmöglichst entfernen! Sofern der Innenputz nicht schadhaft ist, sollten Wand und Putz durch Heizlüfter ausgetrocknet werden. Schimmelpilz abbürsten! Anstriche und Tapeten, die nicht atmungsaktiv (diffusionsfähig) sind, sind zu entfernen und ggf. durch diffusionsfähige ersetzen. Um eine „kalte Abstrahlung" der Wand zu verhindern, kann man die Wand zum Beispiel mit grobem Leinengewebe bespannen.
Eine weitere Möglichkeit ist die Beplankung der Wand mit einer hinterlüfteten Holzvertäfelung. Dabei ist von besonderer Bedeutung, daß die Luftschicht zwischen Vertäfelung und Wand mindestens 6 cm beträgt und unter- sowie oberhalb der Vertäfelung, Zu- und Abluftöffnungen von gleichem Querschnitt bleiben. Die Konterlattung zur Montage der Vertäfelung muß lotrecht angebracht werden, damit die Luft hinter der Vertäfelung zirkulieren kann.

Gesetze und Normen:
DIN 4108 Teil 1: Wärmeschutz im Hochbau; Größen und Einheiten
DIN 4108 Teil 2: Wärmeschutz im Hochbau; Wärmedämmung und Wärmespeicherung
DIN 4108 Teil 3: Wärmeschutz im Hochbau; Klimabedingter Feuchteschutz
DIN 4108 Teil 4: Wärmeschutz im Hochbau; Wärme- und feuchteschutztechnische Kennwerte

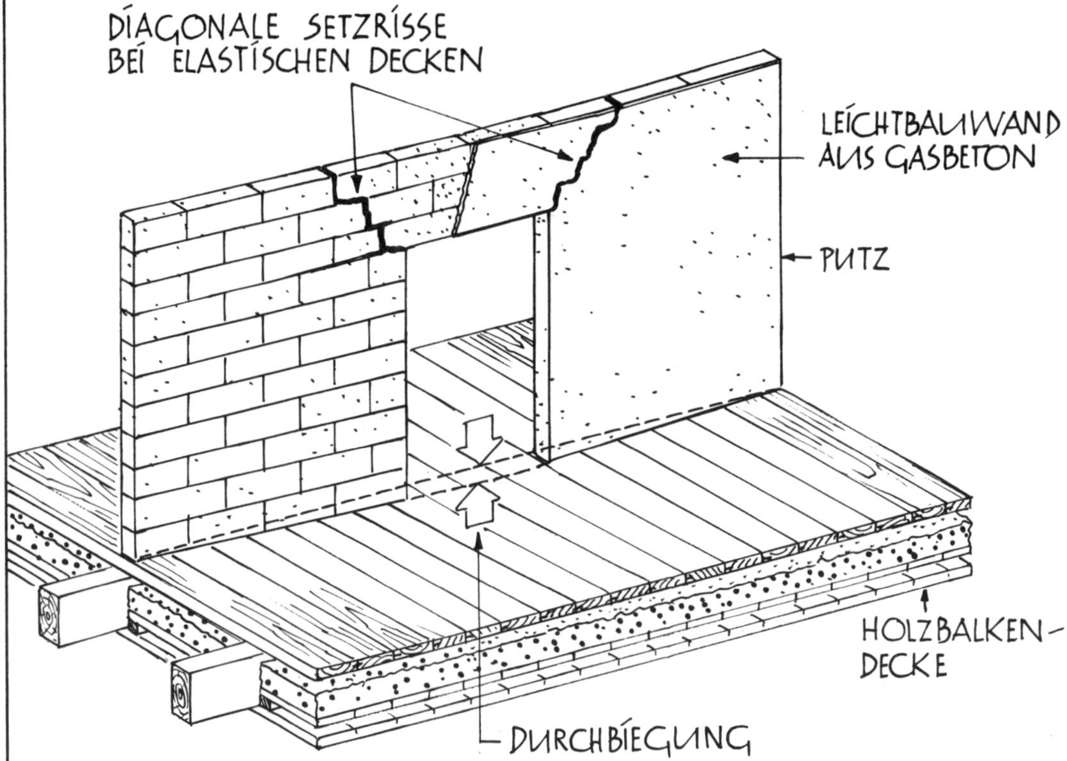
DIAGONALE SETZRISSE
BEI ELASTISCHEN DECKEN
LEICHTBAUWAND
AUS GASBETON
PUTZ
HOLZBALKEN-
DECKE
DURCHBIEGUNG

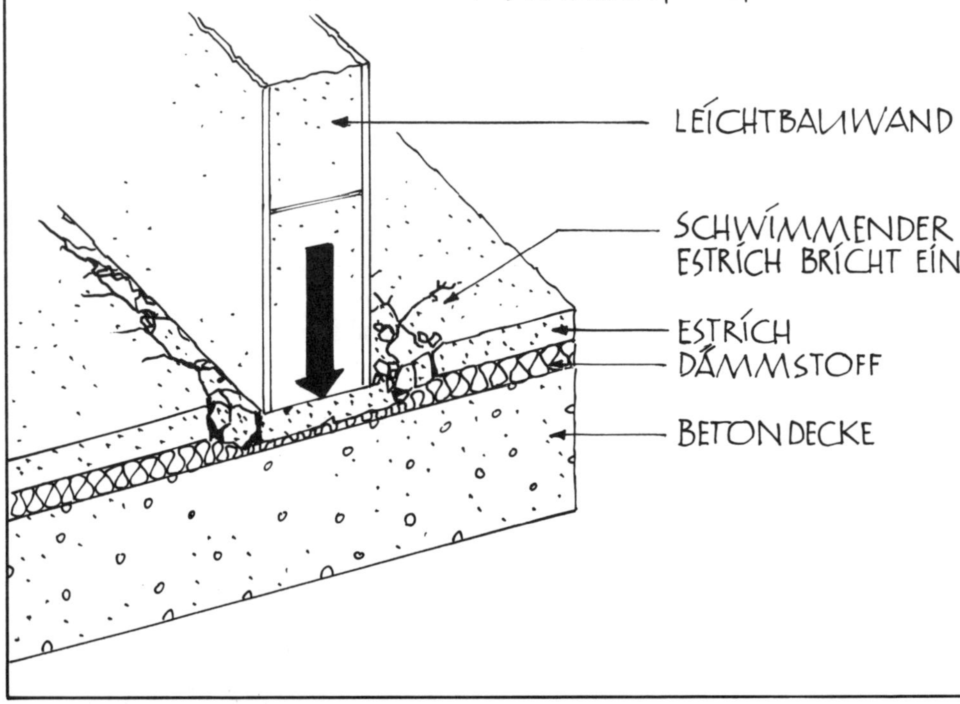
LEICHTBAUWAND
SCHWIMMENDER
ESTRICH BRICHT EIN
ESTRICH
DÄMMSTOFF
BETONDECKE

Fehler: Die Bezeichnung „Leichtbauwand“ ist ein Sammelbegriff für alle nichttragenden Wände aus leichteren Baustoffen, wie Bims, Gasbeton, etc. Auch Lattengerüste aus Holz, die beidseitig mit Leichtbauplatten aus Gipskarton, Holzfaserdämmplatten oder auch mit Spanplatten beplankt sind, gelten als Leichtbauwand.
Dachausbauten werden üblicherweise mit diesen Trennwänden versehen. Dabei wird häufig vergessen, daß auch Leichtbauwände, besonders wenn sie gemauert sind, eine feste Basis brauchen. Es ist deshalb erforderlich, daß die Deckenkonstruktion, auf die diese Leichtbauwände gemauert werden, auch tragfähig genug ist und sich nicht durchbiegt. Eine elastische Decke aus Holzbalken führt zu Spannungen in der Leichtbauwand. Auch auf Estrich-Böden, die auf einer Dämmschicht „schwimmend“ verlegt sind, darf keine gemauerte Leichtbauwand erstellt werden.

Folgen: Leichtbauwände können je nach Konstruktion erhebliches Gewicht haben, das die tragende Decke zusätzlich aufnehmen muß. Ist diese Belastung nicht eingeplant, wird sich die Decke durchbiegen und in der Leichtbauwand Spannungen erzeugen, die sich dann als diagonal verlaufende Setzrisse zeigen. Besonders an Türausschnitten und an den Anschlüssen von Leichtbauwänden an andere, tragende Wände treten Risse auf.
Stellt man Leichtbauwände auf eine Holzbalkenlage, so kann durch das Austrocknen der Holzbalken ebenfalls eine Rißbildung entstehen.
Das Gewicht von Leichtbauwänden drückt auch die Dämmschicht unter dem Estrich zusammen, so daß der Boden dort einbricht.

Abhilfe: Vor dem Bau von Leichtbauwänden ist zu prüfen, inwieweit die tragende Decke in der Lage ist, zusätzliche Lasten aufzunehmen. Dies kann ein Statiker feststellen und gleichzeitig festlegen, ob eine gemauerte oder hölzerne Leichtbauwand von Vorteil ist.
Ist auf dem Fußboden bereits ein schwimmender Estrich vorhanden, so schlitzt man diesen in der Breite der Leichtbauwand auf, entfernt die Dämmschicht und stellt die Wand direkt auf die Rohdecke. Die schwimmende Konstruktion der Estrichplatten muß danach natürlich wieder hergestellt werden.
Haben Leichtbauwände bereits Risse, so ist eine nachträgliche Abhilfe nicht mehr möglich. Ein Fachmann kann jedoch feststellen, ob die Rißbildung zur Ruhe gekommen ist oder weiter fortschreitet. Im ersten Fall können die Leichtbauwände dann mit einem Glasfliesgewebe oder mit Jute tapeziert werden. Diese „Beschichtung“ kann kleinere Risse gut überdecken. Im zweiten Fall wird nur eine Entfernung der Wand die einfachere Lösung sein.

Gesetze und Normen: DIN 4103 Teil 2: Nichttragende Wände; Nichttragende innere Trennwände, Trennwände aus Gips-Wandbauplatten
Über die zulässige Belastbarkeit von Dachboden- und Geschoßdecken gibt die statische Berechnung des Gebäudes Auskunft. Daraus kann ein Fachmann erkennen, ob der Bau von Leichtbauwänden möglich ist und welche Konstruktion man sinnvollerweise wählt.

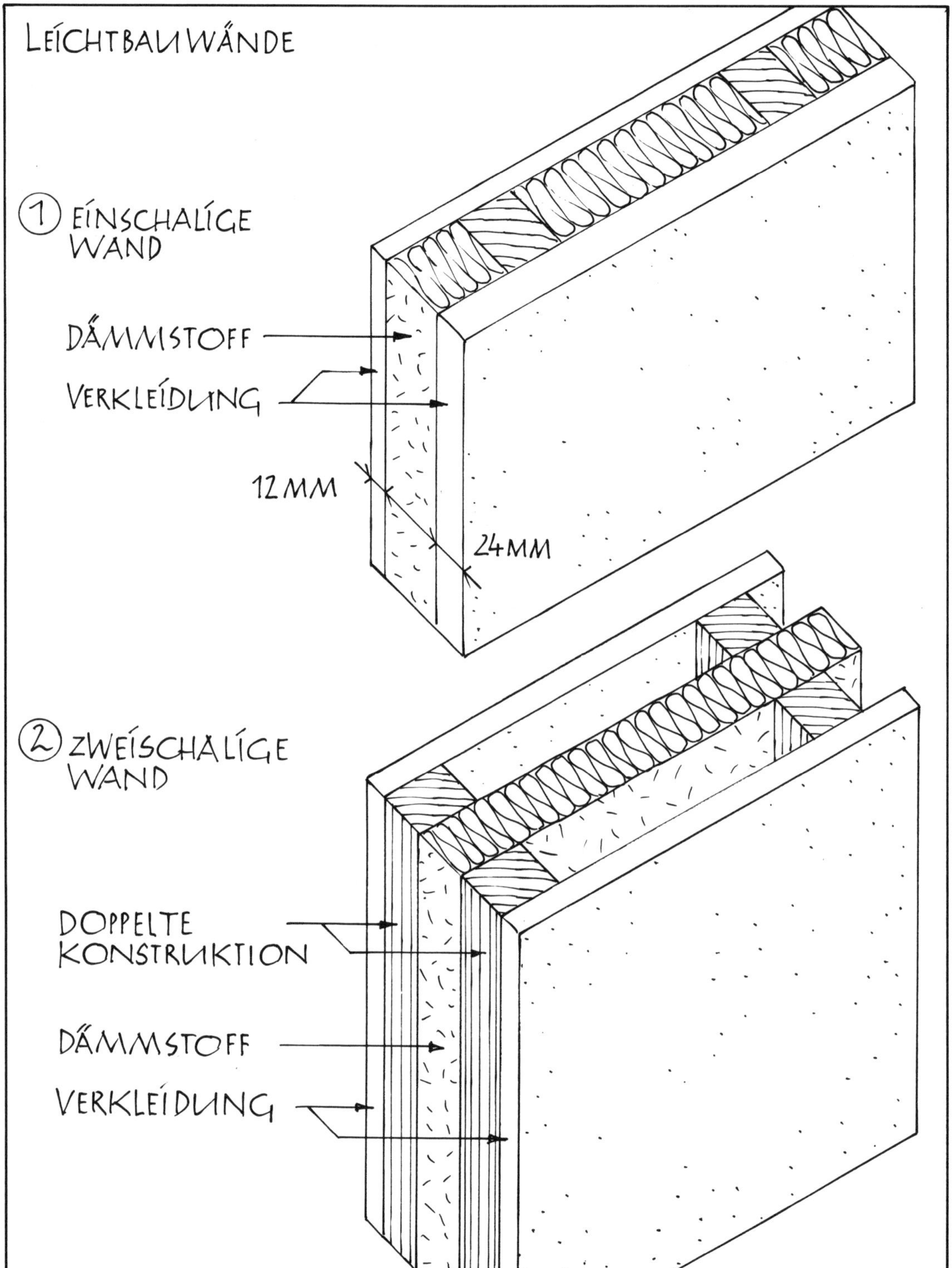
LEICHTBAUWÄNDE
1 EINSCHALIGE WAND
DÄMMSTOFF
VERKLEIDUNG
12MM
24MM
2 ZWEISCHALIGE WAND
DOPPELTE KONSTRUKTION
DÄMMSTOFF
VERKLEIDUNG

Fehler: Leichtbauwände werden in Einfamilienhäusern überwiegend im Bereich des Dachausbaues gewählt. Da es innerhalb von Einfamilienhäusern keine gesetzlichen Schalldämmvorschriften gibt, werden von den meisten Baufirmen keinerlei Maßnahmen zur Schalldämmung angeordnet.
Leichtwände werden auf Holzlattenrahmen oder Leichtmetallprofile als tragendes Gerüst aufgebaut und mit Gipskartonplatten beidseitig verkleidet. Eine dämmende Füllung oder verstärkte Platten werden selten verwendet.

Folgen: Durch fehlende Dämmaßnahmen und beidseitig gleiche Verkleidungen wird mit der Wand eine Resonanzfläche erzeugt, die in der Wirkung einer über eine Trommel gespannten Haut nahekommt. Der Luftschall wird durch das geringe Eigengewicht und die Schwingfähigkeit der Wand kaum gebremst und kann mit geringen Minderungen in den Nachbarraum übergehen. Etwa auf die Wand auftreffender Körperschall (Klopfen) wird durch das Schwingverhalten der Wand verstärkt. Die Belästigung der Bewohner durch Schallübertragung von einem Raum zum anderen ist erheblich.

Abhilfe: Günstige Schalldämmwerte bei Leichtwänden erreicht man, indem man im Wechsel unterschiedlich feste und unterschiedlich schwere Schichten anordnet. Bei einschaligen Wänden ist zum Beispiel folgender Aufbau günstig:
1. 12 mm Gipskartonplatten
2. Ausfachung der Rahmen mit 60 mm Mineralwollmatten
3. 24 mm Gipskartonplatten auf der Gegenseite.

Gute Schalldämmwerte erzielt man mit „zweischaligen" Wänden. Hierzu werden zwei voneinander unabhängige, tragende Lattengerüste erstellt, zwischen die durchgehend Mineralwolle eingebracht wird (alternativ zu den Ausfachungen). Eine Seite wird mit 12 mm Gipskarton verkleidet, die andere mit 2 x 12 mm. Es wird hierbei erreicht, daß der Luftschall verschiedene Medien durchdringen muß, die unabhängig voneinander schwingen. Die Schalldämmwirkung ist erheblich günstiger als bei einschaligen Wänden.
Will man vorhandene Wände nicht zum Befüllen der Hohlräume öffnen, kann man auf die Wand zusätzliche Dämmschichten aufbringen. Auch hier ist zu beachten, daß Materialien mit unterschiedlichen Gewichten und Festigkeiten wechselweise aufgebracht werden. Als günstiges Dämmaterial haben sich Gummimatten aus geraspelten Altautoreifen von 6 mm Stärke bewährt (im Recycling-Verfahren hergestellt – ca. 30 dB).
Als weitere Alternative bietet sich die Anbringung von „Sandwichplatten", eine Kombination aus Gipskarton und Hartschaum oder Mineralwolle, die durch Klebemörtel auf die vorhandene Wand befestigt wird, an. Auf diese Weise können Schalldämmwerte bis über 50 dB erreicht werden.

Gesetze und Normen: DIN 4109: Schallschutz im Hochbau
Allgemeine Handwerksregeln

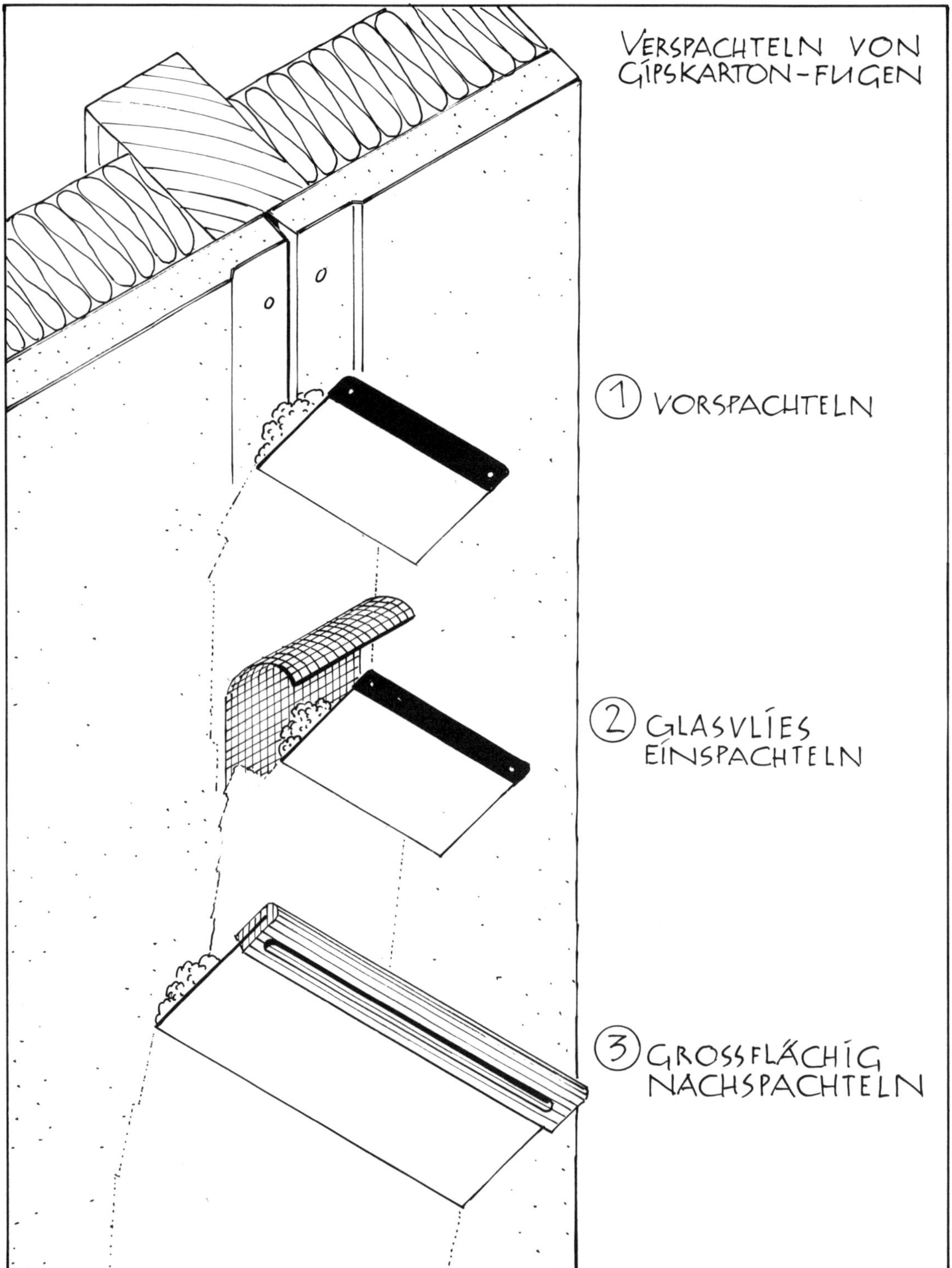
VERSPACHTELN VON GIPSKARTON-FUGEN
1 VORSPACHTELN
2 GLASVLIES EINSPACHTELN
3 GROSSFLÄCHIG NACHSPACHTELN

Fehler: Für den Ausbau von Räumen hat sich der Baustoff „Gipskartonplatte" besonders durchgesetzt und bewährt. Ein häufig festgestellter Mangel liegt jedoch in der nicht fachgerechten Ausführung der Arbeiten.

In Längsrichtung sieht man bei Gipskartonplatten an den Rändern eine durchlaufende Verjüngung; diese ist zur Aufnahme eines Gaze-Streifens vorgesehen. In Querrichtung wird die Platte im Werk ohne diese Verjüngung an den Rändern hergestellt. Hier soll bei Plattenstößen die Deckschicht der Karton-Oberfläche in ca. 2 bis 3 cm Breite eingeschnitten und entfernt werden; aus Nachlässigkeit unterbleibt dies häufig.

Die Spachtelung der Stöße soll in mehreren Arbeitsgängen erfolgen und zwar:

1. Vorspachtelung
2. anschließendem Glattstrich
3. nach Aushärtung: grobes Anschleifen des ersten Spachtelganges und feines Schleifen der zweiten Spachtelung.

Aus Unkenntnis oder Gleichgültigkeit wird versucht, diese Arbeitsgänge in einen zu vereinigen, mit dem Erfolg oder besser Mißerfolg, daß ein unsauberes Bild entsteht. Dabei wird auch das Einlegen des Gazestreifens oft vergessen. Der Gazestreifen soll auch bei Decken- und Wandanschlüssen sowie Ecken nach gleichem Muster verarbeitet werden.

Folgen: Die Folgen dieser mangelhaften Arbeitsweise zeigen sich nach dem Tapezieren der ausgebauten Flächen, indem sich jeder Plattenstoß als Unebenheit – trotz Spachtelung – abzeichnet. Auch treten teilweise Risse der Tapete bei den Plattenstößen sowie den Decken- und Wandanschlüssen auf. Ebenso zeichnen sich die Ansätze der Spachtelungen ab.

Abhilfe: Beim Verarbeiten der Platten ist auf die korrekte Verspachtelung der Stöße mit den entsprechenden Vorarbeiten zu achten. Gazestreifen sind bei jeglichen Plattenstößen einzulegen.

Als Spachtelmasse ist unbedingt das von den Herstellerwerken vorgesehene Material zu verwenden, das eine gewisse Elastizität auch nach dem Aushärten gewährleistet und sich beim Spachteln dünnflächig auftragen läßt. Da das Spachtelmaterial im ersten Arbeitsgang beim Aushärten „nachsackt", ist stets in zwei Arbeitsgängen zu spachteln.

Bei bereits mangelhaft ausgeführten Ausbauten ist die Tapete zu entfernen und nach vorher beschriebenem Verfahren nachzuarbeiten.

Gesetze und Normen: DIN 18181: Gipskartonplatten im Hochbau; Richtlinien für die Verarbeitung
Arbeitsanleitungen der Hersteller

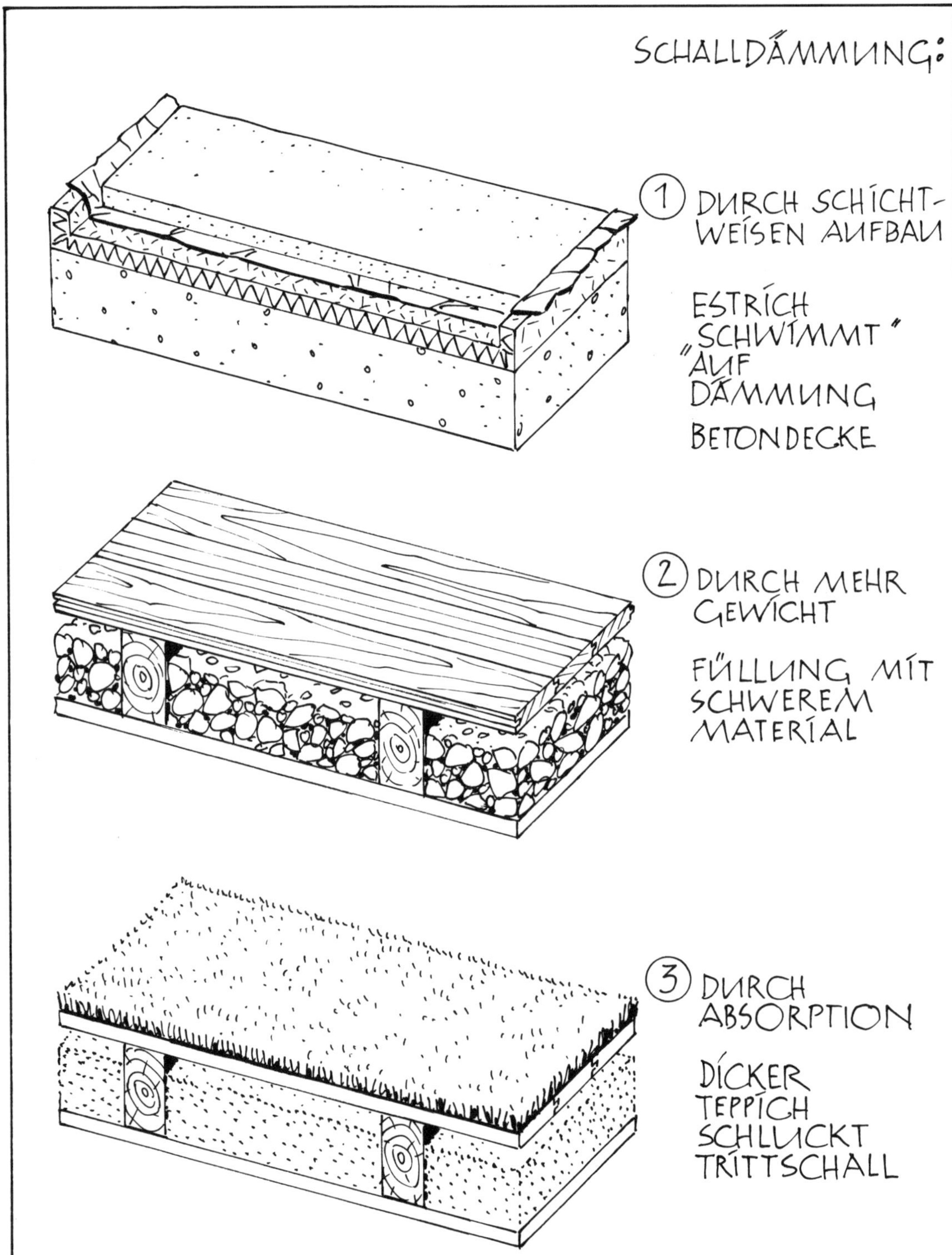
SCHALLDÄMMUNG:
1 DURCH SCHICHT-WEISEN AUFBAU
ESTRICH „SCHWIMMT" „AUF DÄMMUNG
BETONDECKE
2 DURCH MEHR GEWICHT
FÜLLUNG MIT SCHWEREM MATERIAL
3 DURCH ABSORPTION
DICKER TEPPICH SCHLUCKT TRITTSCHALL

Fehler: Trittschall entsteht beim Begehen von Fußböden. Die Dämmung der Schallübertragung ist auch im Einfamilienhaus ein wichtiger Bereich, der leider allzuoft vernachlässigt wird.
Besonders beim Ausbau von Dachgeschossen auf Holzbalkenlagen werden vielfach keine oder zu geringe Maßnahmen zur Trittschalldämmung getroffen. Es mangelt an einer wirksamen Trennung der Böden von den tragenden Konstruktionen.

Folgen: Werden keine Maßnahmen zur Trittschalldämmung getroffen, können sich die Schallwellen ungehindert vom Fußboden über die Rohdecke in die darunterliegenden Räume fortsetzen. Die Belästigung der Bewohner ist erheblich. Bei Einliegerwohnungen im Dachgeschloß wird der Wohnwert der unteren Wohnung durch die Geräuschbelästigung gemindert.

Abhilfe: Grundlegende Maßnahmen zur Trittschalldämmung sind durch den Einbau von „schwimmendem Estrich" möglich. Bei Bauten mit Betondecken wird auf dem Rohbeton eine Lage weicher Dämmstoff verlegt, auf dem eine Schicht von ca. 4 cm Betonestrich „schwimmt", das heißt der Betonestrich berührt nicht den Unterbeton und die angrenzenden Wände und kann somit den Trittschall nicht übertragen. Betonestrich ist jedoch wegen seines hohen Gewichtes nicht überall einzusetzen.
Bei Bauten mit geringeren Lastaufnahmen verwendet man einen „Trockenestrich". Hierbei wird der Betonestrich durch Spanplatten ersetzt, die durch verleimte Nut und Feder untereinander verbunden sind, jedoch von den angrenzenden Wänden durch eine Fuge getrennt sind.
Dicke Teppichauflagen können bereits die Entstehung des Trittschalles erheblich mindern.
Weitere Maßnahmen zur Verbesserung des Trittschallschutzes sind

- das Einbringen von federnd aufgehängten Unterdecken,
- Erhöhung des Eigengewichtes der Deckenkonstruktion durch Einbringen von „Einschub" (Sand, Schlacke o. ä.) zwischen die Holzbalken,
- Abdichtung aller Zwischenräume zwischen Balken und Wänden.

Gesetze und Normen: DIN 4109: Schallschutz im Hochbau
Allgemeine Handwerksregeln
Trittschall wird nach dB gemessen, wobei der Vergleichswert zu einem Normtrittschallpegel gemessen wird. Für Wohnungen dürfen dabei die Schallschutzwerte der DIN 4109, Teil 3, Abschnitt 1 nicht unterschritten werden.

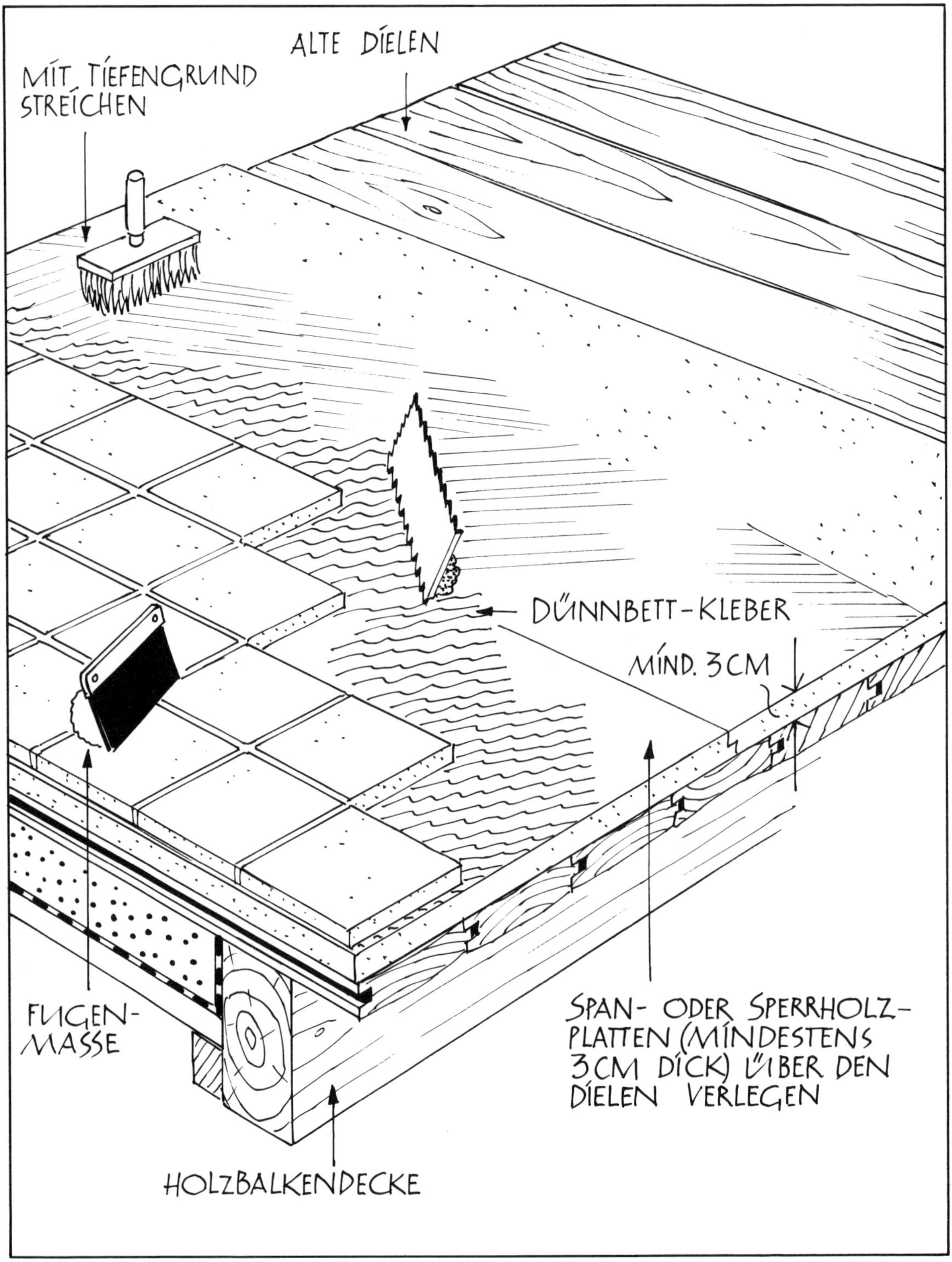
ALTE DIELEN
MIT TIEFENGRUND STREICHEN
DÜNNBETT-KLEBER
MIND. 3CM
FUGEN-MASSE
SPAN- ODER SPERRHOLZ-PLATTEN (MINDESTENS 3CM DICK) ÜBER DEN DIELEN VERLEGEN
HOLZBALKENDECKE

Fehler: In modernen Einfamilienhäusern werden nicht selten wieder Holzdecken eingebaut, in alten Wohngebäuden waren sie ohnehin üblich. Bei verschiedenen Baufehlern wurde schon beschrieben, daß das Zusamenfügen von „elastischen“ Holzbauteilen und gemauerten oder keramischen Bauteilen Probleme gibt. Das gilt besonders für Fliesenbeläge. Auf Holzbalkendecken müssen zur Unterlage von keramischen Fliesen dicke Span- oder Sperrholzplatten, die sich auch unter Last nicht verbiegen, verlegt werden. Trotzdem besteht immer die Gefahr, daß der Fliesenboden zumindest in den Fugen aufreißt.

Folgen: Die feinen Risse in einem Fliesenboden sind häufig kaum sichtbar und für die Bewohner nicht einmal ein Schönheitsfehler.
Trotzdem können erhebliche Folgeschäden aus diesen feinen Rissen resultieren, wenn auf Dauer die Feuchtigkeit von Spritzwasser in den Boden eindringt. Dieses Wasser kann zwar eindringen, aber nur schwer verdunsten, weil der Riß zu dünn ist. Die Folge ist ein Aufquellen der Fußbodenverlegeplatten und ein späteres Ablösen des gesamten Fußbodenbelages.

Abhilfe: Wenn der Verdacht auf einen undichten Fliesenboden besteht, kann mit einer Einlaßimprägnierung auf Acrylbasis eine relative Sicherheit gegen Wasserschäden in der Unterkonstruktion geschaffen werden. Diese Imprägnierung kann nur in absolut trockenem Zustand des Bodens aufgestrichen werden und muß so dünnflüssig sein, daß sie auch in die feinen Risse eindringt. Die auf den Fliesen verbleibende Imprägnierung ist abzuwischen, bevor sie aushärtet.
Ist der Boden so elastisch, daß nicht nur in den Fugen zwischen den Fliesen Risse auftreten, sondern auch die Bodenplatten selbst brechen, ist eine neue Unterkonstruktion unbedingt erforderlich. Am besten eine Sperrholzplatte, die zusätzlich auf den bereits vorhandenen Boden aufgeschraubt wird und mindestens 24 mm dick ist. Diese Sperrholzplatten gibt es in einer kunststoffbeschichteten Ausführung (Betonschalungsplatten), die besonders wasserunempfindlich ist. Darauf können die Bodenfliesen mit einem wasserfesten Kleber verlegt werden.
Beim Verfugen ist darauf zu achten, daß die Randfugen an den Wänden nicht mit Fugenmörtel, sondern mit Silikonkautschuk gedichtet werden.

Gesetze und Normen: DIN 18 352: Fliesen- und Plattenarbeiten
Allgemeine Handwerksregeln für Fliesenarbeiten

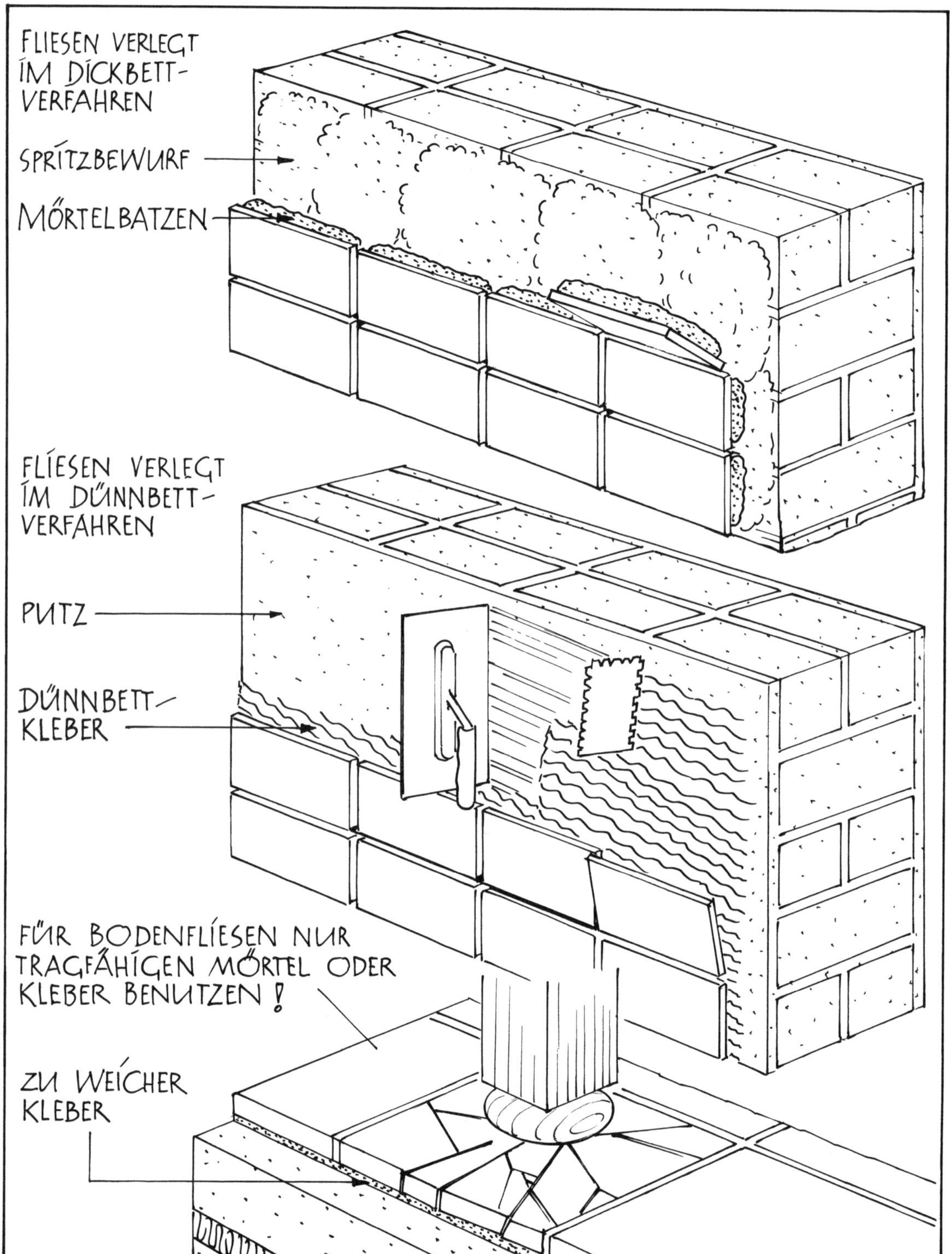
FLIESEN VERLEGT IM DICKBETT-VERFAHREN
SPRITZBEWURF
MÖRTELBATZEN
FLIESEN VERLEGT IM DÜNNBETT-VERFAHREN
PUTZ
DÜNNBETT-KLEBER
FÜR BODENFLIESEN NUR TRAGFÄHIGEN MÖRTEL ODER KLEBER BENUTZEN!
ZU WEICHER KLEBER

Fehler: Die moderne Bautechnik und der Zwang zum Kostensparen hat zu rationellen Arbeitsmethoden und zur Entwicklung von Baumaterialien geführt, die häufig gut zu verarbeiten, aber nicht selten dafür weniger dauerhaft sind.
Traditionell wurden Wand- und Bodenfliesen stets in Zementmörtel verlegt. Heute haben sich sogenannte Fliesenkleber oder Dünnbettmörtel als Fertigprodukte durchgesetzt. Vielfach fehlt dem Handwerker die fachliche Übersicht zur richtigen Verwendung der Materialien.
Während Wandfliesen lediglich haften müssen, haben Bodenfliesen und Mörtelbett ganz andere Belastungen durch Menschen und Möbel auszuhalten. Wenn falsche Fliesen und falscher Kleber gewählt werden, ist eine feste Verbindung zwischen Untergrund und Fliese nicht gewährleistet.

Folgen: Die Fliesen lösen sich vom Untergrund und bei Bodenfliesen treten immer dann Risse auf, wenn der Kleber zu weich ist oder Hohlräume bildet. Die Last von Möbeln, die auf der Fliese ruht, kann diese nicht an den Boden weitergeben.

Abhilfe: Wenn sich einzelne Wandfliesen lösen, kann man diese relativ einfach mit normalen, wasserfesten Klebern wieder einsetzen, sofern der Mörtel darunter nicht lose und bröckelig ist. Sonst muß auch das Mörtelbett unter der Fliese entfernt werden und die Fliese wird komplett neu in Mörtel verlegt.
Bei Bodenfliesen, die teilweise locker sind, sollte man sich nicht mit Einzelreparaturen zufrieden geben, denn neben der gerade neu eingesetzten Fliese löst sich bereits die nächste.
Wenn das Mörtelbett unter Bodenfliesen zu weich ist, sollte der gesamte Fliesenbelag aufgenommen und neu verlegt werden. Das läßt sich bei einem brüchigen Mörtelbett auch relativ leicht bewerkstelligen. Beim Neuverlegen ist dann jedoch ein Kleber oder Mörtel zu wählen, der auch speziell auf das Verlegen von Bodenfliesen abgestimmt ist.

Gesetze und Normen: DIN 18 352: Fliesen- und Plattenarbeiten
Die Hersteller von Fliesen geben zu ihren Produkten meist sehr deutliche Hinweise zur Verlegung und bieten oder empfehlen auch entsprechenden Mörtel oder Kleber an.

Fehler: Bei der Wahl der Bodenfliesen ist nicht nur der optische Eindruck, sondern vielmehr die technische Brauchbarkeit der Fliese von Bedeutung. Je nach Beanspruchungsgrad des Belages ist die Härte der Fliese und gegebenenfalls der Glasur zu prüfen.
Allgemein werden Bodenfliesen in vier Beanspruchungsgruppen sortiert:

1.) Böden, die mit leichtem, sauberem Schuhwerk begangen werden ohne kratzende Beanspruchung (Badezimmer)
2.) Böden, die mit normalem, gereinigtem Schuhwerk begangen werden mit geringen Verschmutzungsgraden (Küchen, Treppen)
3.) Böden, die mit üblichem Schuhwerk begangen werden mit geringen kratzenden Verschmutzungen (Diele, Terrassen)
4.) Böden, die stärker beansprucht werden in öffentlichen Bereichen (Geschäfte, Gaststätten, Schalterräume)

Wandfliesen mit geringeren Härtegraden sollte man grundsätzlich nicht als Bodenfliese einsetzen. Keramische Spaltplatten (DIN 18166) sind als Wand- und Bodenfliesen geeignet.

Folgen: Werden nach dem Grad der Beanspruchung zu weiche Fliesen eingebaut, wird – je nach Abweichung – in absehbarer Zeit die Glasur beziehungsweise die Oberfläche der Fliese abgenutzt.
Die Fliese wird unansehlich, die Benutzungszonen treten durch Farbabweichungen hervor, im Extremfall wird die Fliese in den Hauptbenutzungszonen ausgetreten.

Abhilfe: Fragen Sie beim Kauf von Bodenfliesen Ihren Händler nach der Beanspruchungsgruppe der Fliese. Verwenden Sie für Bodenbeläge keine Wandfliesen. Achten Sie beim Fliesenkauf darauf, daß die Fliese den einschlägigen DIN-Vorschriften bezüglich der Festigkeit entspricht. Bei Naturstein-Belägen oder Marmor-Böden lassen Sie sich Angaben über die Abriebfestigkeit geben.
Ist der Bodenbelag bereits eingebaut, ist eine nachträgliche Veränderung der Oberflächenhärte nicht mehr zu erreichen. In solchen Fällen müssen die Fliesen herausgestemmt und durch neue ersetzt werden.
Ist eine Erhöhung des Boden um 8 bis 12 mm konstruktiv zu verkraften, werden sie durch eine zweite Lage überklebt, nachdem die Vertiefungen ausgespachtelt wurden.

Gesetze und Normen:
DIN 18155: Feinkeramische Fliesen
DIN 18158: Bodenklinkerplatten
DIN 18166: Keramische Spaltplatten und Spaltplatten-Formteile
DIN 18352: Fliesen- und Plattenarbeiten
DIN 52100: Prüfung von Naturstein; Richtlinien zur Prüfung und Auswahl von Naturstein;

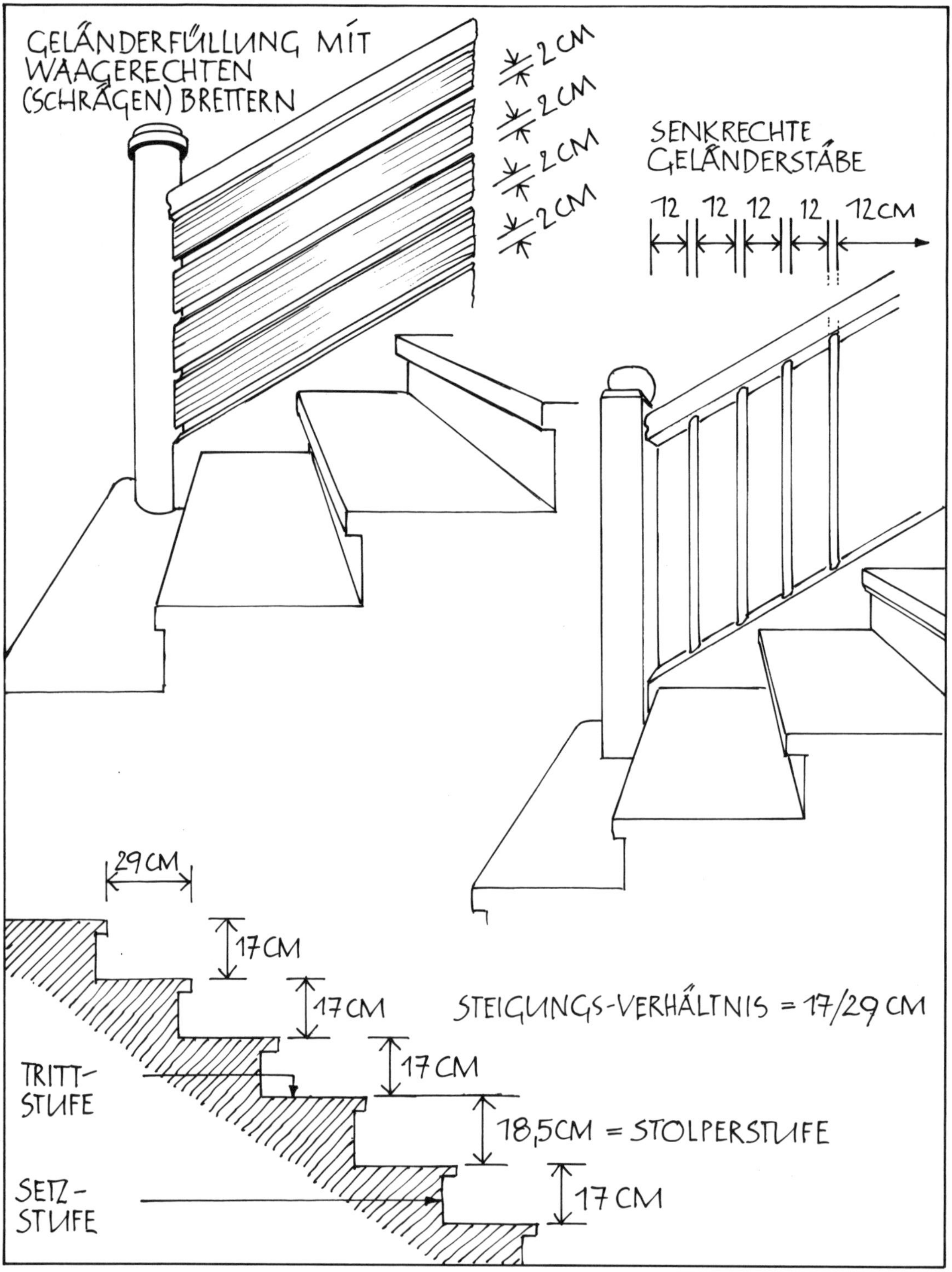
GELÄNDERFÜLLUNG MIT WAAGERECHTEN (SCHRÄGEN) BRETTERN
2 CM
2 CM
2 CM
2 CM
SENKRECHTE GELÄNDERSTÄBE
12
12
12
12
12 CM
29 CM
17 CM
17 CM
STEIGUNGS-VERHÄLTNIS = 17/29 CM
TRITT-STUFE
17 CM
18,5 CM = STOLPERSTUFE
SETZ-STUFE
17 CM

Fehler: Die Statistik für Unfälle im Haus zeigt deutlich, daß die Sicherheitsmaßnahmen im Haus häufig vernachlässigt werden. Die Palette der Unfallursachen ist sehr breit gestreut, so daß hier nur auf einige markante Punkte eingegangen wird.

1.) Treppengeländer und Brüstungen werden aus optischen Gründen nicht, nicht vollständig oder nicht vorschriftsmäßig gebaut oder später verändert.
2.) Fenster werden in Obergeschossen mit festen Teilbereichen eingebaut, so daß Putzen von innen nicht möglich ist.
3.) Kellerzugänge und Kellergaragen werden nicht mit den nötigen Brustwehren versehen, so daß Absturzgefahr in die tiefer liegenden Bereiche besteht.
4.) Kellerlichtschächte werden teilweise nicht oder mangelhaft mit Rosten abgedeckt, so daß Sturzgefahr besteht.
5.) Beschädigte Steckdosen oder Schalter werden nicht sofort repariert.
6.) Bei Eigenhilfearbeiten werden mangelhafte Gerüste und Geräte verwendet.

Folgen: Die Verletzungsgefahr wird durch den ständigen Umgang mit gefährlichen Anlagen zur Gewohnheit und nicht mehr als solche erkannt. Verändert man nach Abnahme der Bauten durch die Behörden Sicherheitsbelange, so kann sich die Versicherung aus der Verpflichtung zur Schadensregulierung entziehen. Auch nicht zum Haushalt gehörende Personen – Besucher – werden gefährdet, wobei auch hier die Haftpflichtversicherung die Regulierung des Schadens ablehnen kann.

Abhilfe: Treppengeländer und Brüstungen sollen mindestens 90 cm hoch sein. Bei waagerechten Brüstungsverkleidungen ist darauf zu achten, daß keine leiterartigen Aufstiege entstehen. Deshalb waagerechte Zwischenräume nicht breiter als 2 cm ausführen, damit kein Fuß eingesetzt werden kann. Bei lotrechten Zwischenräumen ist der lichte Abstand auf maximal 12 cm begrenzt.

Fenster, die nach innen zu öffnen sind, lassen sich angenehmer und risikofreier reinigen.

Jegliche Absturzmöglichkeiten in Schächte, tiefer liegende Zugänge sind durch Brustwehren zu sichern.

Revisions- und Ablaufschächte sind tragfähig abzudecken.

Bei schadhaften elektrischen Anlagen kurzfristig Reparatur durch Fachmann veranlassen.

Geräte und Gerüste entsprechend den Vorschriften der Bauberufsgenossenschaft einsetzen.

Gesetze und Normen: Durchführungsverordnung der jeweiligen Landesbauordnung

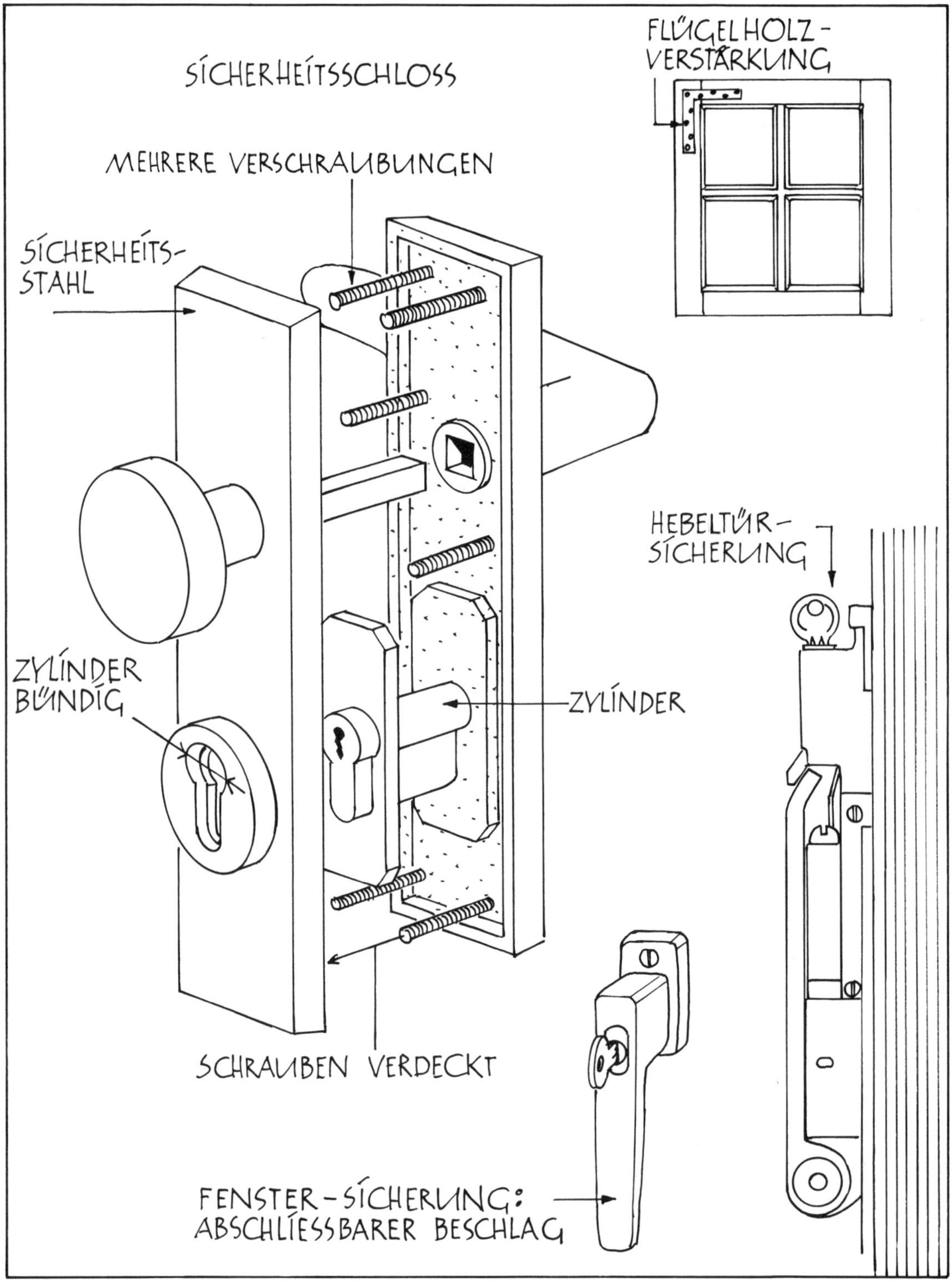
SICHERHEITSSCHLOSS
MEHRERE VERSCHRAUBUNGEN
SICHERHEITS-
STAHL
ZYLINDER
BÜNDIG
ZYLINDER
SCHRAUBEN VERDECKT
FLÜGELHOLZ-
VERSTÄRKUNG
HEBELTÜR-
SICHERUNG
FENSTER-SICHERUNG:
ABSCHLIESSBARER BESCHLAG

Fehler: Auch moderne Sicherheitsschlösser bieten heute vor Einbrechern keinen Schutz mehr. Das liegt selten an der Konstruktion des Schlosses, sondern häufiger am Einbau. Vorstehende Schließzylinder können gewaltsam durch schweres Werkzeug herausgebrochen werden; oder die Verschraubungen von Schlüsselschild und Schließblech sind schwach und halten schon dem leichten Druck eines Brecheisens nicht mehr Stand. Vielfach wird auch nur die Haupteingangstür eines Hauses mit teuren Sicherheitsschlössern und Beschlägen ausgerüstet, Hof- und Nebentüren hingegen sind nicht selten mit primitiven Schlössern ausgestattet.
Ähnliches gilt auch für Fenster. Nicht die großen Scheiben sind das Ziel von Einbrechern, sondern vielmehr die kleinen Fenster von Neben- und Abstellräumen, die nicht im Sichtfeld der Straße oder von Nachbarn liegen. Die Riegel und Beschläge von Fenstern schützen jedoch nicht nur vor Einbrechern, sie müssen auch das Fenster in geschlossenem Zustand so dicht halten, daß es sich nicht verziehen oder Wasser und Wind durch die Fugen dringen kann.

Folgen: Ein teures Sicherheitsschloß schützt nicht vor Einbruch, wenn es falsch oder nur unzureichend fest in Tür und Rahmen eingebaut ist.
Zu schwache Beschläge an den Fenstern können mit der Zeit das Gewicht von großen Isolierglasscheiben nicht mehr einwandfrei halten und führen dazu, daß sich die Fensterflügel im Rahmen verklemmen und nur schwer zu öffnen sind.

Abhilfe: Für alle Außentüren eines Gebäudes sind Zylinderschlösser zu empfehlen, deren Schließzylinder nicht aus dem Schlüsselschild herausragt. Auch müssen die Befestigungen des Schlüsselschildes zumindest von außen verdeckt erfolgen.
Weiterhin ist es sinnvoll, die Türbänder (Scharniere) durch oben an der Tür angebrachte Winkel zu sichern, so daß eine Tür nicht mehr „aus den Angeln“ gehoben werden kann.
Bei Fenstern, die sich durch schlechte Beschläge nur noch schwer öffnen lassen und sich bereits verzogen haben, sollte ein Tischler zu Rate gezogen werden. Das gewaltsame Öffnen von klemmenden Fenstern kann sehr schnell dazu führen, daß sich die Dichtungsleisten in der Isolierglasscheibe lösen und das Isolierglas blind wird.

Gesetze und Normen: Allgemeine Handwerksregeln
DIN 18 357: Beschlagarbeiten
Informationen der Kriminalpolizei zum Schutz gegen Einbruch

INSTALLATIONEN

Ohne Leitungen kein Komfort

Die vielen Rohre, Kabel und Leitungen, die ein modernes Haus durchziehen, werden gern als „Nervenstränge" bezeichnet. „Verdauungs-System" käme indes der Wirklichkeit näher, denn die gesamte Haustechnik leistet letztlich nichts anderes als ein lebender Organismus. Energie wird aufgenommen, in Wärme und Kraft umgewandelt und in veränderter Form und geringerer Qualität wieder abgegeben. Und das zugeführte saubere Wasser wird lediglich als Transportmittel für Abfall und Schmutz gebraucht. Auch wenn dieses System den organischen Abläufen im menschlichen Körper gleicht, müssen wir uns fragen, ob es auch gleichermaßen optimal funktioniert.
Wenn Handwerker Rohre verlegen, suchen sie meist nicht die kürzeste Verbindung, sondern folgen beharrlich den Raumwänden. Jeder Mauervorsprung wird mit vielen Bögen und Winkeln in der Leitung nachgeformt. Das macht zwar die Leitung länger und verringert durch die vielen Winkel die Fließgeschwindigkeit des Wassers, aber die Arbeit ist handwerks- und normgerecht. Würden die Adern im menschlichen Körper ebenso verwinkelt verlaufen wie häufig die Leitungen im Haus, brauchten wir Herzen mit vierfacher Leistung.
Diese Logik ist aber vielen Installateuren fremd. Sie können nämlich davon ausgehen, daß der Druck im kommunalen Wassernetz das Frischwasser auch durch dünnste Leitungen zu den verschiedenen Zapfstellen im Haus befördert.
Der Ärger ist indes groß, wenn man später die dünne, in der Wand befindliche Leitung zwar nicht sehen, aber die Fließgeräusche des Wassers deutlich hören kann. Gutachter raten dann zu schallisolierten Rohrschellen, in denen die Leitung in eine Gummimanschette eingebettet ist. Besser jedoch wäre von vornherein der Einbau von Leitungen mit größerem Durchmesser gewesen. In ihnen fließt das Wasser langsamer und Geräusche treten gar nicht erst auf.

Wasserleitungen schwitzen

Das Verlegen von Leitungen in Wandschlitzen oder „unter Putz" hat zwar optische Vorteile, birgt aber auch Gefahren. Frischwasserleitungen, die 8 bis 12 Grad kaltes Wasser verteilen, haben die unangenehme Eigenschaft zu „schwitzen". Sie werden auf der Oberfläche naß, weil sich die Feuchtigkeit in der Raumluft wie bei Fensterscheiben, die bei Kälte beschlagen, auf ihrer Oberfläche niederschlägt.
Das geschieht – mit Verzögerung – auch, wenn die Leitungen unsichtbar im Putz oder in der Wand verborgen sind. Nach einiger Zeit macht ein dunkler Streifen im Putz aufgrund der Feuchtigkeit sichtbar, wo die Leitung verläuft. Dieses Kondenswasser-Problem ist im Nachhinein kaum zu beseitigen, es sei denn, man legt die gesamte Leitung frei und umschließt sie mit einem belüfteten Hohlraum. Auch das Ausschäumen mit dampfdichtem Montageschaum kann helfen.
Es bringt viele Vorteile, wenn Wasserleitungen im Keller frei unter der Decke aufgehängt sind und von dort aus die Räume im Erdgeschoß versorgen. Im Dachgeschoß kann aus Abseiten heraus die Verteilung für die darunterliegenden Räume erfolgen. Hier ist jedoch darauf zu

achten, daß die Leitungen in unbeheizten Räumen gegen Einfrieren gedämmt sind.

Gußrohre sind leiser

Abflußleitungen kennen zwar kein Kondenswasser, sie machen allerdings häufig Schall- und Geräuschprobleme. Wegen der aufwendigeren und damit teureren Verlegetechnik sind die schwereren und „leiseren" Gußeisenrohre aus der Mode gekommen zugunsten der dünnwandigen und leicht zu verarbeitenden PVC-Rohre. Ihr Stecksystem mit den dichtschließenden Gummidichtungen und die große Palette der Form- und Verbindungsteile machen sie beim modernen Bauen unentbehrlich.
Doch wenn es erforderlich ist, daß das Ablaufen einer Badewanne oder das Rauschen der WC-Spülung nicht zu hören ist, dann sollten Gußrohre eingesetzt und am besten noch ummauert werden.

Sechs Stromkreise reichen

Elektroleitungen machen bei der Verlegung weniger Schwierigkeiten, sie können nicht einfrieren und machen auch keine Geräusche. Die modernen mehradrigen Stegleitungen sind so flach, daß sie direkt auf die rohe Wand genagelt und übergeputzt werden können. Und in der Regel können Elektrogeräte mit einer Gesamtleistung von 16 Ampere, das sind 3,5 kW, an den Steckdosenkreis angeschlossen werden.
Es empfiehlt sich jedoch, für die Beleuchtung einen separaten Stromkreis zu installieren, der mit lediglich 10 Ampere abgesichert ist. Er reicht für Lampen mit einer Gesamtleistung von 2200 Watt.
Die Elektroinstallateure empfehlen gern möglichst viele, einzeln abgesicherte Stromkreise. Für Elektroherd, Waschmaschine und Geschirrspüler ist dies auch ratsam und wenn die Hobbywerkstatt ihren separaten Kreis bekommt, kann es nicht passieren, daß ein Kurzschluß beim Heimwerken gleich das ganze Haus in Dunkelheit versetzt.
In der Regel reichen sechs Stromkreise für einen normalen Haushalt; alles andere kostet nur Geld, denn wenn die Geräte nicht fest, sondern über Steckdosen angeschlossen sind, kann man bei einem Defekt einfach den Netzstecker ziehen und die ausgelöste Sicherung wieder einschalten.
Nicht die Anzahl der Stromkreise macht den Komfort im Haus aus, sondern die Anzahl der Steckdosen. Drei pro Raum sind das Mindeste.

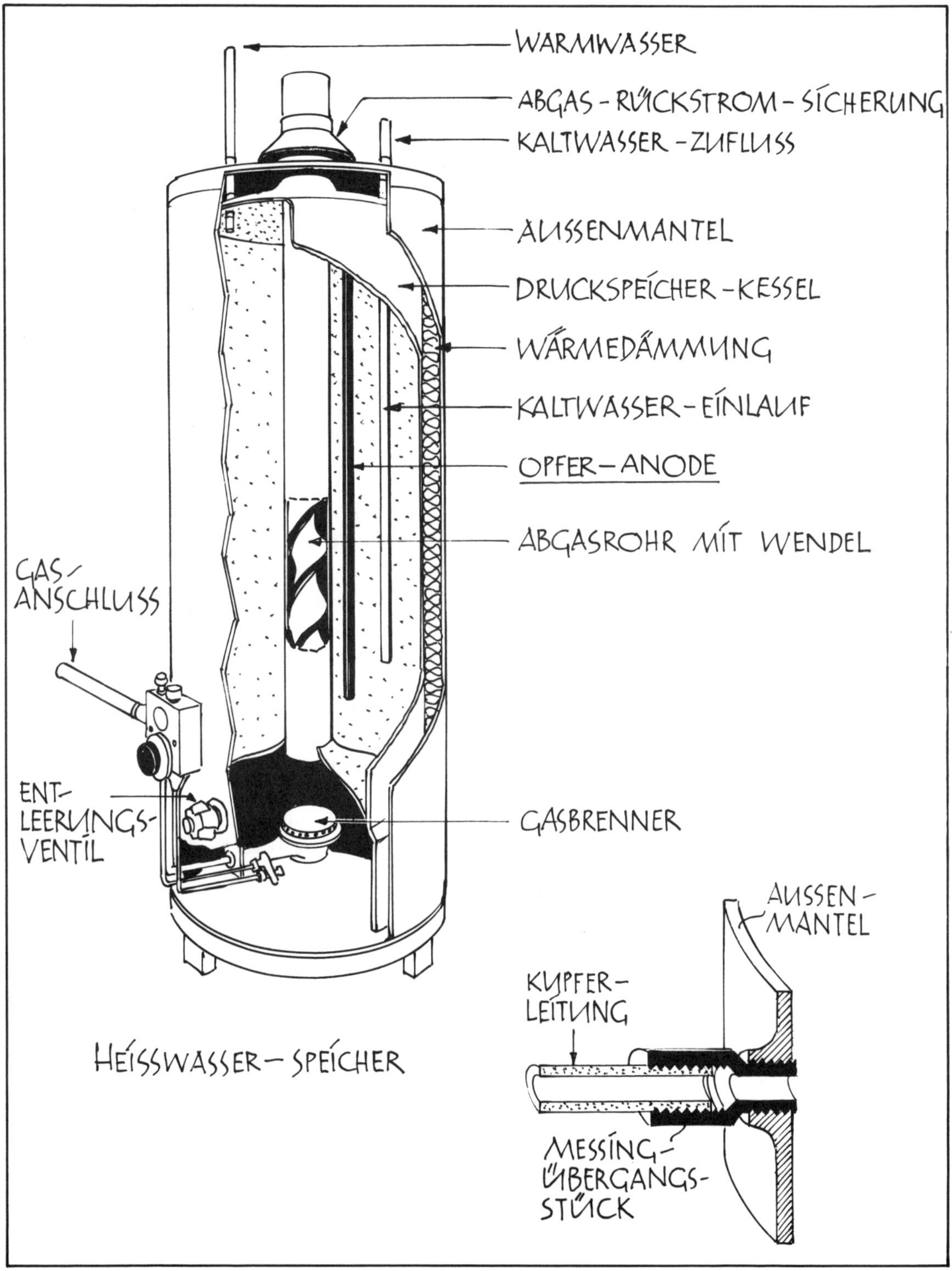
WARMWASSER
ABGAS-RÜCKSTROM-SICHERUNG
KALTWASSER-ZUFLUSS
AUSSENMANTEL
DRUCKSPEICHER-KESSEL
WÄRMEDÄMMUNG
KALTWASSER-EINLAUF
OPFER-ANODE
ABGASROHR MIT WENDEL
GAS-ANSCHLUSS
ENT-LEERUNGS-VENTIL
GASBRENNER
AUSSEN-MANTEL
KUPFER-LEITUNG
MESSING-ÜBERGANGS-STÜCK
HEISSWASSER-SPEICHER

Fehler: Früher wurden in Kaltwassersystemen ausschließlich verzinkte, eiserne Gewinderohre eingesetzt. Die relativ aufwendige Installation und die Eindichtung mit Hanf haben dazu geführt, daß immer mehr Kupferrohre, die man einfach mit Fittings zusammenlötet, beim Bauen und Renovieren eingesetzt werden.
Werden indes beim Renovieren alte verzinkte Leitungen mit neuen Teilstrecken in Kupfer verbunden, kommt es bei Mißachtung der sogenannten Fließregel zu einer galvanischen Korrosion, ähnlich den Problemen bei der Verwendung von Kupfer- und Zinkblech in Dach und Fassade.
Warmwasser-Speicher werden täglich wiederkehrend mit Frischwasser gefüllt und aufgeheizt. Ein physikalischer Schutz gegen galvanischen Lochfraß, zudem von geringem Säuregehalt und Mineralien im Trinkwasser fördert, ist ein in den Boiler eingeschraubter Metallstab, der Opfer-Anode heißt und sich buchstäblich zugunsten des Stahlblechs des Speichertanks aufopfert.

Folgen: Wird diese Opfer-Anode nicht rechtzeitig kontrolliert und in entsprechenden Abständen durch eine neue ersetzt, kommt es zu Lochfraß. Ob ein Warmwasserboiler bereits eine angefressene Wandung hat und wann diese platzt, kann man von außen nicht sehen. Prüfen kann man hingegen die Opfer-Anode. Ist diese stark zerfressen oder gar völlig verschwunden, birgt dies große Gefahren, denn der Boiler kann unvermutet beim Aufheizen platzen und großen Wasserschaden verursachen.
Wurde im Leitungsaufbau die Fließregel nicht beachtet, werden durch die Elektrolyse die Leitungen korrodiert und platzen. Das auch, wenn nur kleine Verbindungsstücke im falschen Material gewählt wurden.

Abhilfe: Man muß sich beim Neubau oder der Renovierung entscheiden. Entweder alles verzinkt, in Kupfer oder in Kunststoff. Ein Teilaustausch der Zuwasserleitungen ist kaum möglich.
Beim Warmwasser-Speicher häufig die Opfer-Anode herausschrauben und bei Verschleiß ersetzen.

Gesetze und Normen: Ausführungsbestimmungen des Klempner- und Installationsgewerbes und des Heizungsbaus.
Technisches Regelwerk für Gas- und Wasserinstallation TRG.

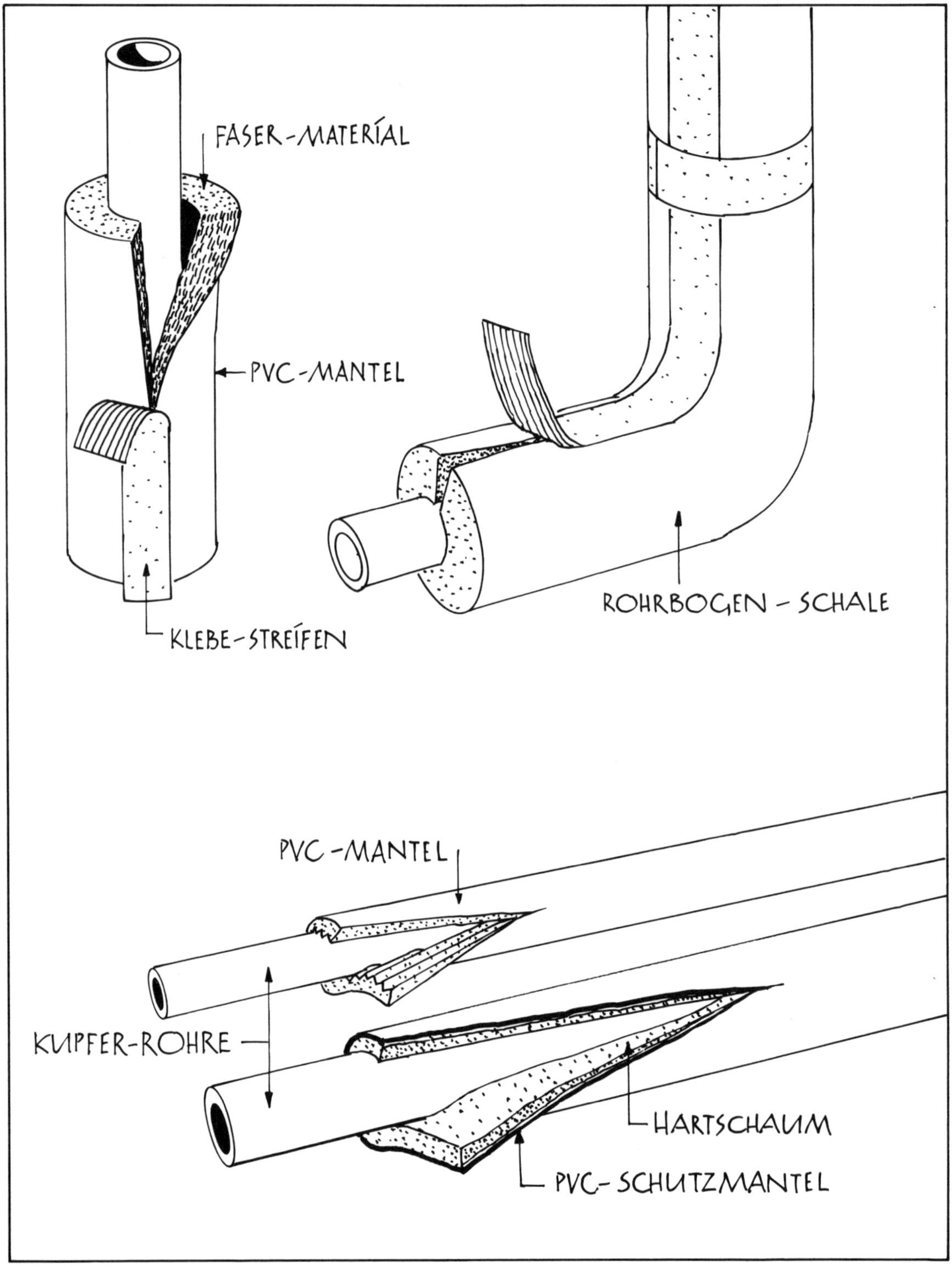
FASER-MATERIAL
PVC-MANTEL
KLEBE-STREIFEN
ROHRBOGEN - SCHALE
PVC-MANTEL
KUPFER-ROHRE
HARTSCHAUM
PVC-SCHUTZMANTEL

Fehler: Die Isolierung von Heizungsrohren ist heute Vorschrift, Warm- und Kaltwasserleitungen werden hingegen häufig mangelhaft oder gar nicht isoliert.

Folgen: Bei Warmwasserleitungen führen mangelnde Isolierungen zu Wärmeverlusten und zu reduzierten Warmwassertemperaturen an der Zapfstelle. Je nach Lage dieser Rohre und umgebender Temperatur ist der Energieverlust unterschiedlich.
In Kaltbereichen des Hauses, zum Beispiel Abseiten, ist die Gefahr des Einfrierens in den Wintermonaten gegeben. Geschieht dieses, sind Rohrbrüche oder Brüche der Lötstellen bei hartgelöteten Kupferrohren die Folge.
Werden Kaltwasserrohre nicht isoliert, bildet sich bei warmen Außentemperaturen an den Außenwänden der Rohre „Schwitzwasser“ durch die Kondensation der Warmluft. Die auskondensierte Wassermenge kann so umfangreich werden, daß Durchfeuchtungen der umliegenden Bauteile entstehen, die wiederum durch Fäulnis beschädigt oder zerstört werden.
Aus technischen Erwägungen werden häufig Kalt-, Warmwasser- und Heizungsrohre in einen Installationsschacht eingebaut. Hier entsteht bei mangelnder Isolierung zwischen allen Rohren ein thermischer Kurzschluß, so daß Kaltwasser nicht kalt und Warmwasser mit verminderter Temperatur aus den Hähnen kommt.

Abhilfe: Die Industrie stellt aufgeschlitzte Rohrhüllen aus Schaumstoff für jegliche Rohrdurchmesser her. Ebenso sind für Rohrbögen entsprechende Formstücke im Handel. Diese lassen sich recht problemlos über die zu isolierenden Rohre stülpen. Isolierungen mit Mineralwolle und Gipsmantel – wie aus früheren Jahren bekannt – sind zwar wirkungsvoll, jedoch viel zu lohnintensiv und daher unrentabel. Für Neuverlegungen sind Rohre mit bereits werkmäßiger Isolierung im Handel.

Gesetze und Normen: DIN 4108 Teil 2: Wärmeschutz im Hochbau; Wärmedämmung und Wärmespeicherung. Die Isolierung von Heizungs- und Warmwasserrohren ist mit Einführung der neuen Wärmeschutzverordnung gesetzlich vorgeschrieben.

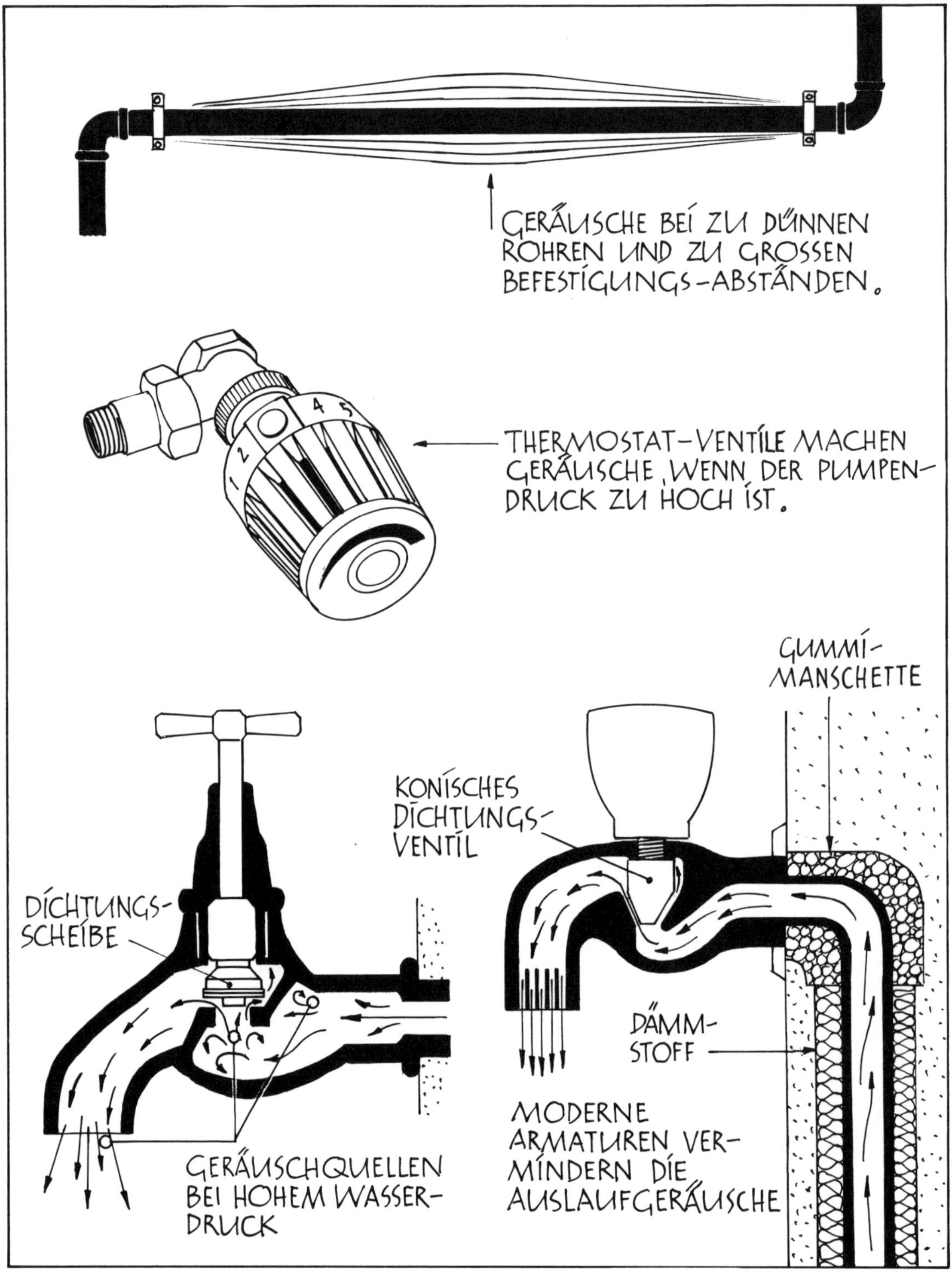
GERÄUSCHE BEI ZU DÜNNEN ROHREN UND ZU GROSSEN BEFESTIGUNGS-ABSTÄNDEN.
THERMOSTAT-VENTILE MACHEN GERÄUSCHE, WENN DER PUMPEN-DRUCK ZU HOCH IST.
GUMMI-MANSCHETTE
KONISCHES DICHTUNGS-VENTIL
DICHTUNGS-SCHEIBE
DÄMM-STOFF
MODERNE ARMATUREN VER-MINDERN DIE AUSLAUFGERÄUSCHE
GERÄUSCHQUELLEN BEI HOHEM WASSER-DRUCK

Fehler: Um Materialkosten einzusparen und kürzere Montagezeiten zu erreichen, werden zunehmend Rohre, zudem meist aus Kupfer, mit geringen Querschnitten für die sanitäre Installation und die Heizung verwendet. Im Heizungsbau werden zur Unterstützung der Zirkulation des Wassers Umwälzpumpen eingebaut, während man in früheren Zeiten Schwerkraftsysteme mit größeren Rohrquerschnitten plante.

Folgen: Rohre mit geringen Querschnitten erfordern höhere Fließgeschwindigkeiten des Wassers, wenn gleiche Mengen in gleicher Zeit befördert werden sollen. Je kleiner der Rohrquerschnitt, desto relativ größer ist die Reibung an den Rohrwänden und umso weniger effektiv die Förderleistung. Wird Wasser mit hoher Fließgeschwindigkeit durch ein Rohr befördert, entstehen durch den Reibungswiderstand Fließgeräusche, die sehr störend sein können. Auch Querschnittsverengungen, zum Beispiel bei Thermostat-Ventilen an Heizkörpern, erzeugen Fließgeräusche. Da Wasser Schall sehr gut weiterleitet, übertragen sich die Fließgeräusche über das Rohrnetz ins ganze Haus.

Abhilfe: Bei der Planung von Rohrquerschnitten für Frischwasser und Heizung sollte man besser großzügiger verfahren und jeweils eine Querschnittsgröße höher bemessen. Dabei werden Fließgeräusche vermieden und Rohrreibungsverluste vermindert.
Bei bereits vorhandenen Leitungen ist ein Austausch der dünnen Rohre gegen größere Querschnitte nötig, sollen Fließgeräusche abgestellt werden.
Bei der Bemessung der Rohrquerschnitte der Wasserleitungen für Duschen wird eine kräftigere Wasserausbeute erreicht, wenn die Durchmesser der Rohre und der Mischbatterien größer ausgelegt wird.

Merke: Die Durchflußmenge des Wassers in einem Rohrsystem wird im wesentlichen bestimmt vom Wasserdruck und dem kleinsten Öffnungsquerschnitt der Anlage.

Gesetze und Normen: DIN 1988: Trinkwasser-Leitungsanlagen in Grundstücken; Technische Bestimmungen für Bau und Betrieb
DIN 18 381: Gas-, Wasser- und Abwasser-Installationsarbeiten innerhalb von Gebäuden
Allgemeine Handwerksregeln

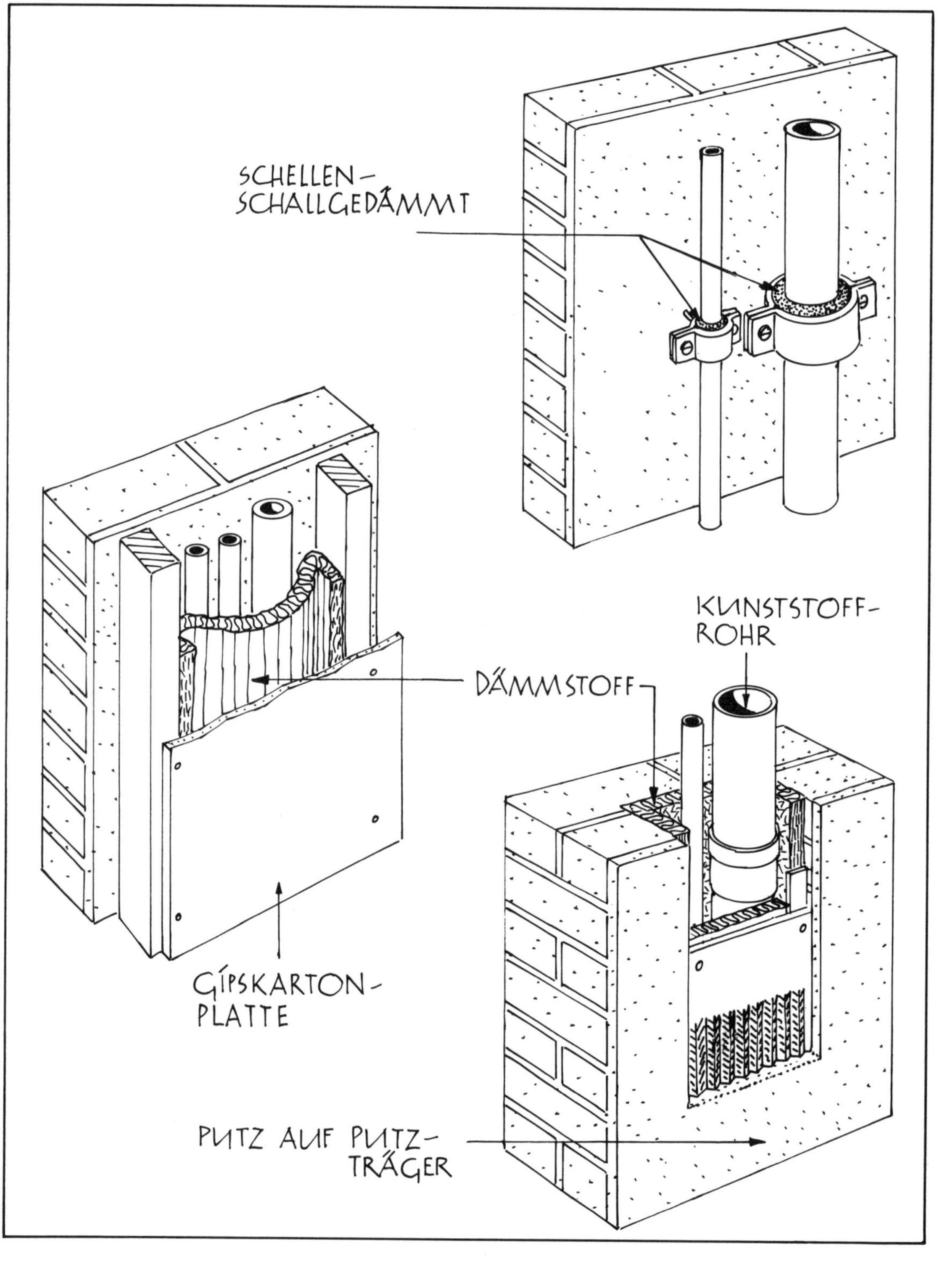
SCHELLEN-
SCHALLGEDÄMMT
KUNSTSTOFF-
ROHR
DÄMMSTOFF
GIPSKARTON-
PLATTE
PUTZ AUF PUTZ-
TRÄGER

Fehler: Geräuschentwicklungen bei Abwasserrohren sind eine vermeidbare Belästigung für die Bewohner. Durch die Entwicklung von Baustoffen aus Kunststoff sind neben Vorteilen auch nachteilige Begleiterscheinungen entstanden. Dies ist bei Abwasserrohren der Fall. Vor dem Krieg wurden Abwasserrohre aus Gußeisen oder aus glasiertem Ton hergestellt, die günstige, schallabsorbierende Eigenschaften hatten. Die Nachteile liegen im Rosten bei Gußrohren und in der Stoßanfälligkeit und klobigen Dimensionierung bei Tonrohren.
Die Vorteile bei Kunststoffrohren sind leichte Verarbeitung (Steckverbindungen mit Dichtung). Sie sind korrosionsfest, stoßunempfindlich, haben ein geringes Gewicht und eine günstige Dimensionierung. Jedoch sind Kunststoffrohre nicht schallabsorbierend.

Folgen: Die Geräuschentwicklung bei ablaufendem Wasser, besonders bei senkrechten Leitungen (Fallrohren), ist erheblich und wird ohne zusätzliche Maßnahmen bei Kunststoffrohren als sehr störend empfunden. Besonders bei Reihenhäusern oder Häusern mit mehreren Wohnungen werden nicht nur Familienangehörige, sondern auch Nachbarn gestört.

Abhilfe: Kunststoffrohre verlegt man in Wandschlitzen oder in Rohrkästen vor der Wand. Diese Bereiche sollten mit PU-Schaum oder Mineralwolle gedämmt werden, wobei die Wandschlitz- oder Rohrverkleidung aus schwerem Material (Mauerwerk oder Dickputz auf Drahtgewebe) hergestellt werden kann. Durch die mit unterschiedlichem Gewicht hergestellten Dämmschichten erreicht man günstige Schall-Dämmwerte.
Die Industrie stellt als schallgedämmte Rohre Gußrohre ohne Muffen her, die mit Spezialmanschetten zusammengefügt werden. Diese sind im Preis aufwendiger, jedoch absorbieren sie die Geräuschentwicklung im Rohr.
Als gute Alternative ist die Verlegung der Rohre in gemauerten Installations-Schächten, die durch eine Mauerwerksschale vom Wohnbereich abgetrennt sind, zu erwähnen.

Gesetze und Normen: DIN 4109 Teil 5: Schallschutz im Hochbau; Schallschutz gegenüber Geräuschen aus haustechnischen Anlagen und Betrieben
Allgemeine Handwerksregeln

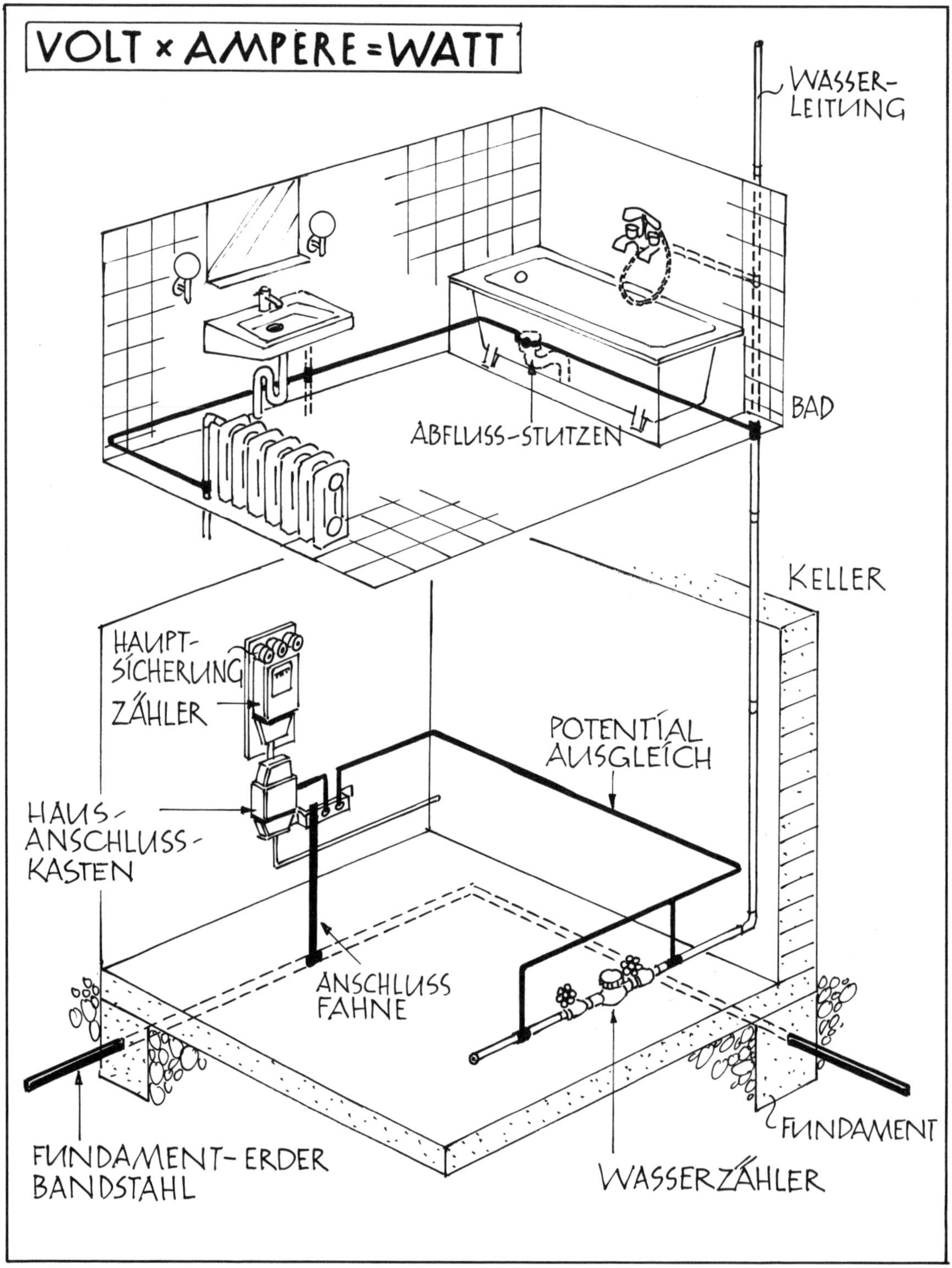
VOLT × AMPERE = WATT
WASSER-
LEITUNG
BAD
ABFLUSS-STUTZEN
KELLER
HAUPT-
SICHERUNG
ZÄHLER
POTENTIAL
AUSGLEICH
HAUS-
ANSCHLUSS-
KASTEN
ANSCHLUSS
FAHNE
FUNDAMENT
FUNDAMENT-ERDER
BANDSTAHL
WASSERZÄHLER

Fehler: Mit zunehmender Anzahl der Brennstellen (Lampen) und Anschlüsse (Steckdosen, Festanschlüsse wie E-Herd, Durchlauf-Erhitzer ...) ist auch eine steigende Zahl der Stromkreise im Gebäude nötig. Häufig werden nach und nach zusätzliche Brennstellen und Anschlüsse installiert und an die bestehenden Stromkreise angeschlossen.
Ebenso ist eine Erweiterung des Stromkreises zur Versorgung zusätzlicher Ausbauten im Dach- oder Kellergeschoß nicht ohne weiteres sinnvoll.
Der Austausch der Sicherungsautomaten gegen andere, mit höherer Absicherung, ist nur durch den Fachinstallateur durchzuführen. Bewegliche Verteilersteckdosen sollten nicht mit einer weiteren Mehrfachsteckdose gekoppelt werden.
Dusch- und Badewannen dürfen nicht ohne Erdung angeschlossen werden.

Folgen: Werden zu viele Stromverbrauchsgeräte an einen Stromkreis angeschlossen, sind Sicherung, Kabel und Anschlußwert überlastet. Ist ein solcher Stromkreis mit Sicherungsautomaten abgesichert, so springt die Sicherung bei Einschalten weiterer Verbrauchsgeräte heraus. Tauscht man die Sicherung gegen eine mit höherer Leistung um, ist die Gefahr gegeben, daß die Zuleitungen durch Überlastung heiß werden, einen Kurzschluß auslösen oder zur Brandgefahr werden.

Abhilfe: Bei wesentlicher Erhöhung der Anschlußwerte sollte man einen zusätzlichen Stromkreis durch einen Fachinstallateur montieren lassen.
Den maximalen Gesamtanschlußwert eines Stromkreises ermittelt man, indem man den Sicherungswert (z. B. 15 Ampere) mit der Spannung (220 Volt) multipliziert; (in diesem Beispiel: 3300 Watt). Eine höhere Auslastung dieses im Beispiel genannten Stromkreises ist nur durch Erhöhung der Absicherung möglich. Dabei muß geprüft werden, ob die Leitungsquerschnitte eine höhere Auslastung gestatten.
Bei Installationen von Badewannen und Duschen ist eine Erdungsleitung anzuschließen und mit der zentralen Erdung des Elektrohauptanschlusses (Fundament-Erder) zu verbinden.

Gesetze und Normen: DIN 18 382: Elektrische Kabel und Leitungsanlagen in Gebäuden
VDE-Vorschriften
Vorschriften und Bedingungen der örtlichen Stromversorgungsunternehmen

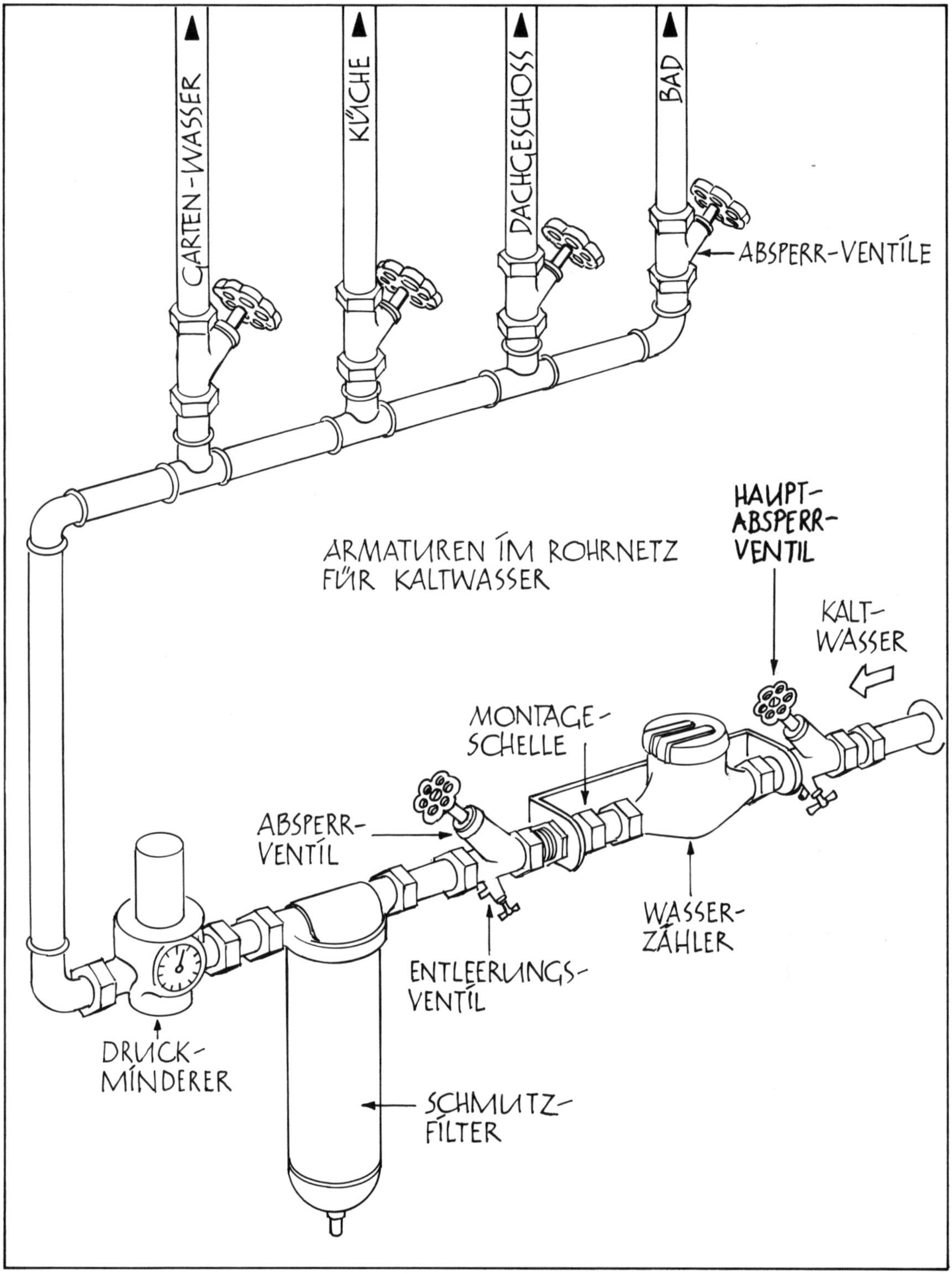
GARTEN-WASSER
KÜCHE
DACHGESCHOSS
BAD
ABSPERR-VENTILE
ARMATUREN IM ROHRNETZ FÜR KALTWASSER
HAUPT-ABSPERR-VENTIL
KALT-WASSER
MONTAGE-SCHELLE
ABSPERR-VENTIL
WASSER-ZÄHLER
ENTLEERUNGS-VENTIL
DRUCK-MINDERER
SCHMUTZ-FILTER

Fehler: Die Frischwasser-Versorgungsleitungen eines Hauses unterliegen bestimmten Richtlinien, die bei den örtlichen Frischwasser-Versorgungsbehörden oder -Gesellschaften niedergelegt sind.
Darüber hinaus ist es sinnvoll, weitere Vorkehrungen zu treffen, um Störungen zu vermeiden und um Reparaturen leichter auszuführen.
Aus Ersparnisgründen werden die einzelnen Versorgungsbereiche wie Bad, Gäste-WC, Küche, Kinderbad und Außenbereich nicht mit einzelnen Rohrzuleitungen und dazugehörigen Absperrventilen versehen.
Der Einbau eines Schmutzfilters hinter dem Wasserzähler sollte eingeplant werden.
Ein Druckminderer verhindert Druckschwankungen im Rohrsystem und Fließgeräusche.

Folgen: Ist zum Beispiel eine Dichtung im Wasserhahn auszutauschen oder eine Armatur zu erneuern, muß die Zuleitung des Frischwassers abgesperrt werden. Sind die Versorgungsbereiche nicht mit einzelnen Zuleitungen und Absperrventilen versehen, muß während der Reparatur die gesamte Wasserversorgung abgestellt werden. Dies ist bei Reparaturen, die mehr Zeit in Anspruch nehmen, sehr unangenehm.
Ist ein Schmutzfilter nicht eingebaut worden, muß mit vorzeitigem Verschleiß der Dichtungen bei modernen Armaturen gerechnet werden. Die Verunreinigungen aus dem Rohrnetz verstopfen zudem die Feinsiebe an den Zapfstellen.
Wird auf den Einbau eines Druckminderers verzichtet, werden das Rohrsystem und die Warmwassergeräte im Hause den Druckschwankungen aus dem öffentlichen Netz ausgesetzt.

Abhilfe: Bei neueren Anlagen sind den Wandanschlüssen, die die Armaturen aufnehmen, zumindest im Bad- und WC-Bereich, Eckventile zur dezentralen Absperrung vorgeschaltet. Der nachträgliche Einbau von Absperrventilen, Druckminderern und Schmutzfiltern in vorhandene Anlagen ist ohne weiteres möglich, erfordert aber die vorübergehende Stillegung des Rohrnetzes im Hause. Diese Arbeiten sollten durch Fachfirmen ausgeführt werden.

Gesetze und Normen: Örtliche Vorschriften der Wasserversorgungsunternehmen
DIN 1988: Trinkwasser-Leitungsanlagen in Grundstücken; technische Bestimmungen für Bau und Betrieb
DIN 18 381: Gas-, Wasser- und Abwasser-Installationsarbeiten innerhalb von Gebäuden

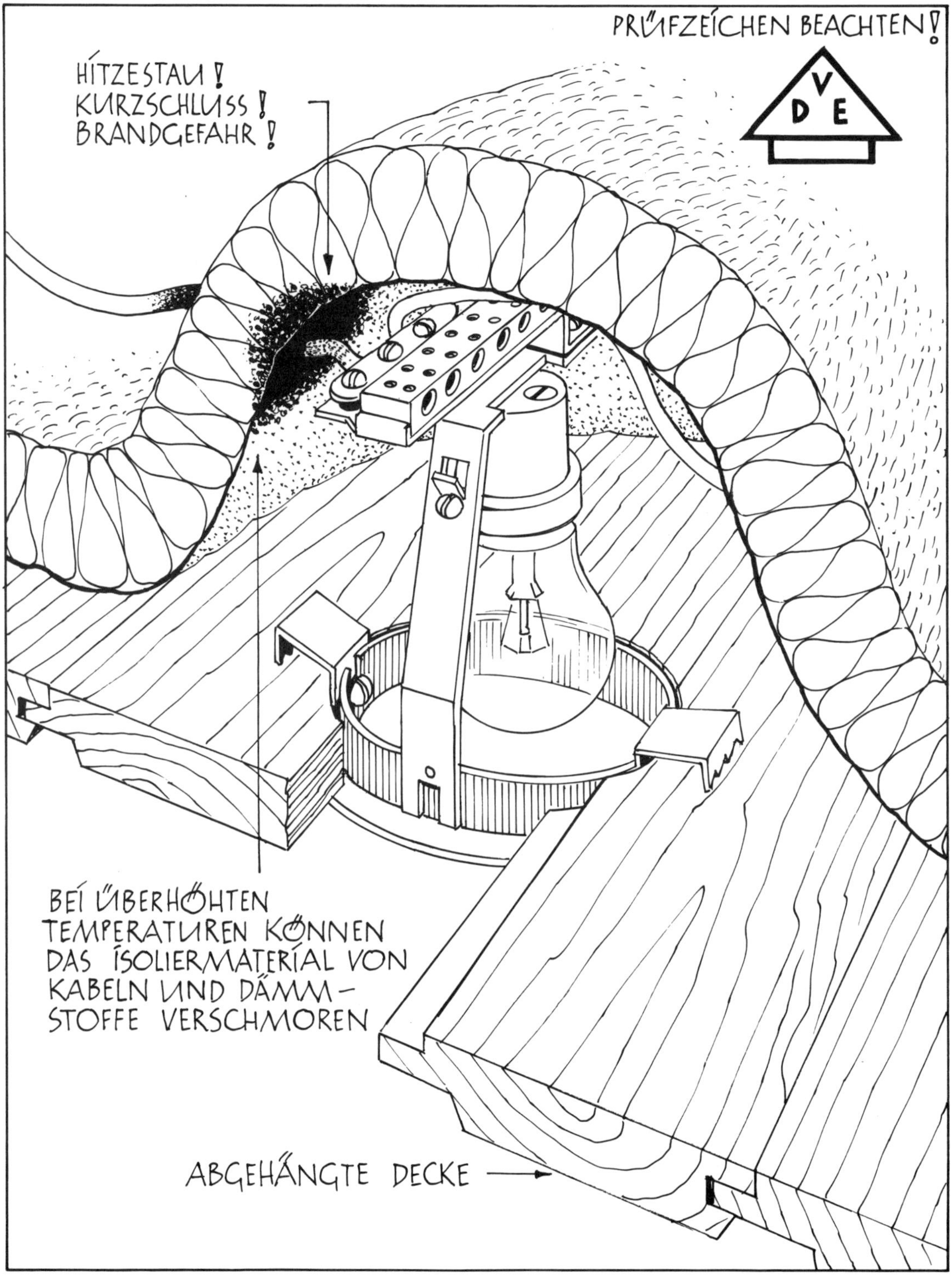
PRÜFZEICHEN BEACHTEN!
VDE
HITZESTAU!
KURZSCHLUSS!
BRANDGEFAHR!
BEI ÜBERHÖHTEN TEMPERATUREN KÖNNEN DAS ISOLIERMATERIAL VON KABELN UND DÄMM-STOFFE VERSCHMOREN
ABGEHÄNGTE DECKE

Fehler: Die Hersteller von Leuchten legen die Konstruktionsmerkmale nach dem gewünschten Zweck, wie auch nach der Art und Leistung der Glühlampe aus. Dabei spielen die verwendeten Materialien und Abstände zu nicht feuerbeständigen Teilen eine wesentliche Rolle. Bei Glühlampen steigt die Hitzeentwicklung der Lampe mit der Lichtleistung. Damit Schäden vermieden werden, geben die meisten Hersteller von Leuchten die maximale Lichtleistung der zu verwendenden Glühlampe an. Speziell bei Einbauleuchten bildet sich ein Hitzestau, der nur in begrenztem Rahmen vom Material aufgenommen werden kann. Lampen von deutschen Herstellern, die genormten Sicherheitsbedingungen entsprechen, werden mit dem VDE-Prüfzeichen versehen. Lampen von ausländischen Herstellern sind oft nicht mit Angaben und Prüfzeichen versehen und sind meist in minderer Qualität und ohne sicheren Brandschutz hergestellt.

Folgen: Werden in Leuchten stärkere Glühlampen als vorgesehen eingebaut, bilden sich beim Betrieb erhöhte Temperaturen, Teile der Leuchten verschmoren, auch können eventuell angrenzende Baustoffe in Brand gesetzt werden.
Oft sind Lampenfassungen aus nur bedingt hitzebeständigen Kunststoffen hergestellt; besser sind Fassungen aus Porzellan.
Bei überhöhten Temperaturen können auch die Kunststoffisolierungen der Kabel verschmoren; Kurzschlüsse sind die Folge. Nicht fachgerechte Installationen und Leuchten ohne VDE-Zeichen entbinden die Versicherungen von ihren Leistungen im Schadensfall.

Abhilfe: Achten Sie beim Kauf von Lampen auf VDE-Prüfzeichen und wählen Sie vorrangig Lampen von deutschen Herstellern. Bei Lampen von ausländischen Herstellern fehlen oft Normungen und Prüfzeichen. Hier ist sinnvoll, daß man bei der Wahl der Glühlampe eine Leistungsstufe geringer nimmt.
Bei Montage der Lampe ist darauf zu achten, daß brennbare Baustoffe nicht gefährdet werden.

Gesetze und Normen: VDE-Vorschriften
Empfehlungen des Herstellers

RAUMKLIMA UND HEIZUNG

Kunstklima oder Frischluft

Früher war das Geld zum Bauen genauso knapp und teuer wie heute, trotzdem baute man noch bis in die 40er Jahre Wohnhäuser mit Deckenhöhen um und über drei Meter. Nicht feudaler Wohnstil sollte dadurch dokumentiert werden, sondern man wußte sehr wohl, daß das gesunde Raumklima in erster Linie von der Luftmenge im Zimmer bestimmt wird. Je größer der Luftinhalt eines Raumes, desto geringer ist die Konzentration von Essensdünsten oder Zigarettenrauch. Hinzu kommt der Effekt, daß zumindest im Winter, wenn geheizt und weniger gelüftet wird, sich die warme und schadstoffbelastete Luft unter der Raumdecke staut und bei hohen Räumen außerhalb der Atemzone liegt.
Ferner wurden die Wohnungen permanent belüftet. Kein Feuer im Ofen kann nämlich ohne Zufuhr von Luft und Sauerstoff brennen und was als Rauchgas den Schornstein verläßt, muß durch Frischluft von außen ergänzt werden. Und deshalb waren die Fugen in den vermeintlich „undichten" Fenstern keine Mängel, sondern eine Lebensnotwendigkeit.
Diese permanente Be- und Entlüftung sorgte indes nicht nur für gesundes Klima, sie führte auch einen großen Teil der Feuchtigkeit ab. Die nichtisolierten, einfachen Fensterscheiben leisteten zusätzlich als Kondensatoren gute Dienste. An ihnen schlug sich die Feuchtigkeit aus der Raumluft nieder und eine Schwitzwasserrinne mit Abfluß nach draußen führte das Kondenswasser ins Freie.
Auch bei der Heizung wurden früher physikalische Tricks genutzt, die heute erst langsam wieder bekannt werden. Während wir heute bei unserer Zentralheizung überwiegend das Konvektionsprinzip (Mitführung und Verteilung der Wärme durch die Raumluft) nutzen, heizte man früher überwiegend mit Strahlungswärme. Der Kachelofen in der Ecke des Wohnraums hatte keine Rippen, an denen sich die Luft erwärmen sollte, er strahlte wie eine große Heizsonne Bewohner, Möbel und Wände warm. Wurde ein Haus kontinuierlich mit Kachelöfen beheizt, gab es keine feuchten Wände.
Sogar die einfachen Glasscheiben hatten einen physikalischen Dämmeffekt; sie reflektierten mit ihrer blanken Oberfläche die vom Ofen ausgehende Wärmestrahlung und hielten sie im Raum.
Als in den 50er Jahren die Bauvorschriften für den sozialen Wohnungsbau geschaffen wurden, wurden diese Erfahrungen erst einmal beiseite geschoben, denn es galt schnell Wohnraum zu schaffen. Daß diese Gesetze damit für viele Fachleute zum Freibrief für allzu simples Bauen wurden und Traditionen und Wissen früherer Baumeister überflüssig und nicht mehr nutzbar machten, ahnten die Politiker nicht. Hinzu kam das billige Heizöl; die Baufehler bei vielen Häusern wurden einfach mit Energie aus der Heizung kompensiert.
Mit den Energiekrisen hat bei Hausbesitzern, Bauherrn und Fachleuten ein Prozeß des Umdenkens und der Rückbesinnung begonnen. Hinzu kamen die Warnungen der sogenannten Baubiologen, die viele der neuen Materialien als gesundheitsschädlich entlarvten. Auch die Heiztechnik wurde überprüft, allerdings nur der Kosten wegen.

Umdenken lernen

Heute kann man konstatieren, daß früher kaum teurer als heute, aber wesentlich gesünder geheizt wurde, und daß das Raumklima in modernen Häusern vielfach medizinisch nicht zu rechtfertigen ist. Durch die abgedichteten Fenster dringt kaum noch frische Luft in Wohn- und Schlafräume; Feuchtigkeit wird durch dunkle Flecken oder Schimmelpilz auf den Wänden signalisiert. Vielen Hausbesitzern ist eingeredet worden, das läge an mangelnder Wärmedämmung oder fehlenden Dampfsperren. Wer jedoch begreift, daß man auch mit ausgeklügelter Bautechnik die Naturgesetze nicht außer Kraft setzen kann, wird verstehen, daß zu wenig Wärme aus der Heizung und zu wenig frische Luft im Haus die eigentlichen Ursachen sind.
Wer heute alle wenig benutzten Hausräume nicht beheizt, darf sich nicht wundern, daß in diesen Räumen die Luftfeuchtigkeit aus der gesamten Wohnung an den kalten Wänden kondensiert und diese auf Dauer von innen durchfeuchtet. Das gilt besonders für das Schlafzimmer. Weil man angeblich in kalten Räumen besser und gesünder schläft, machen viele Menschen aus diesem Ruheraum eine feuchtkalte Zelle, in der sich nur der Schimmelpilz wohlfühlt. Viele Allergien, Rheuma und Erkrankungen der Atemwege sind auf diese Fehlinterpretation des kalten Schlafens zurückzuführen. Wer kühl und gesund schlafen will, heizt den Schlafraum am Tage und läßt die Tür zur übrigen Wohnung geöffnet. Nachts kann die Tür geschlossen, der Heizkörper abgestellt und das Fenster ein wenig geöffnet werden. Diese Methode funktioniert, weil die tagsüber aufgewärmten Wände genügend Energie gespeichert haben.
Gutes Raumklima schützt nicht nur unsere Gesundheit, es schützt auch das Haus. Warme und trockene Wände brauchen nicht imprägniert und alle paar Jahre neu gestrichen zu werden; ein Schutz, der zwar die Heizkosten ein wenig erhöht, aber letztlich billiger wird als eine komplette Fassadenrenovierung.
Angenehmes Wohnklima hat aber auch eine psychologische Seite. Kühle Farben können sehr ästhetisch sein, wirken aber unbewußt abweisend. Auch bei der Renovierung oder dem Einbau neuer Fenster ist diesbezüglich Vorsicht geboten. Große Fenster holen nicht die Natur ins Haus, sie heben vielmehr die Raumgrenzen auf und machen psychologisch unsicher, auch wenn man es nicht bemerkt. Deshalb sind die wieder in Mode gekommenen Fenstersprossen nicht nur Zierrat, sondern auch eine optische Vergitterung, die verlorengegangene Behaglichkeit wieder herstellt.

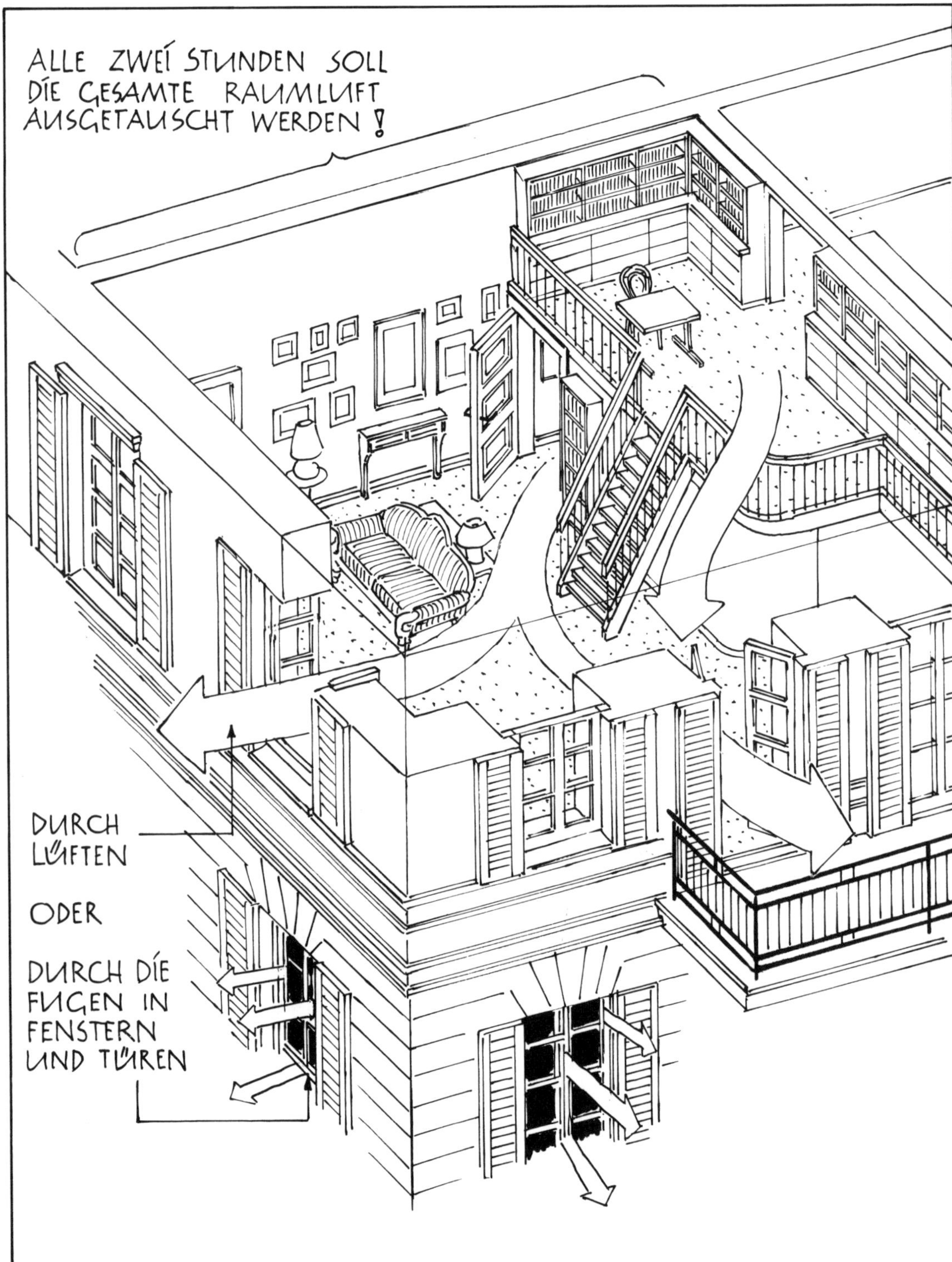
ALLE ZWEI STUNDEN SOLL DIE GESAMTE RAUMLUFT AUSGETAUSCHT WERDEN !
DURCH LÜFTEN
ODER
DURCH DIE FUGEN IN FENSTERN UND TÜREN

Fehler: Die Fenster sind in den letzten Jahrzehnten bis zu den Energiekrisen immer größer geworden. Das hat nicht nur Heiz- und Dämmprobleme aufgeworfen, auch wohnpsychologisch sind überproportional große Fenster ein Baufehler. Das ist jedoch ein umstrittenes Gebiet, und letztlich muß jeder selbst darüber befinden, ob er sich in gläsernen Räumen wirklich wohlfühlt oder ob dies nur eine Konzession an eine vermeintlich moderne Architektur ist.
Viel problematischer sind die gesetzlich verordneten, mit Gummilippen abgedichteten Fensterfugen. Vordergründigem Energiespardenken wurde das für unsere Gesundheit so wichtige gute Raumklima geopfert. Heizöl scheint kostbarer als frische, unverbrauchte Luft.

Folgen: Seit in vielen Häusern und Wohnungen der kontinuierliche Luftaustausch nicht mehr funktioniert, hat der Schimmelpilz erheblich zugenommen. Das ist der wichtigste Beweis dafür, daß das moderne Wohnraumklima nicht, wie allgemein von Laien und Medizinern angenommen, trocken, sondern meist sehr feucht ist. Bautechniker wissen seit langem, daß ungeschützte moderne Baustoffe nicht in erster Hinsicht von Wind und Wetter, sondern von der Luftfeuchtigkeit aus den Wohnräumen, Bädern und Küchen angegriffen werden. Deshalb werden überall sogenannte Dampfsperren gefordert und eingebaut.
Sie sorgen dafür, daß die Feuchtigkeit in der Raumluft bleibt und nicht in die Bauteile wandert. Ob das für die Bewohner gesund ist, wird nicht ermittelt; Hauptsache, das Haus nimmt keinen Schaden. Dichte Fenster und Dampfsperren verhindern die Ableitung der Feuchtigkeit und die Zufuhr von Frischluft.
Wer jahrelang diesem Klima ausgesetzt ist, muß gesundheitliche Schäden befürchten.

Abhilfe: Man kann die Dichtungsstreifen wieder herausziehen und dadurch eine Dauerlüftung, die bei gut schließenden Fenstern kaum Energieverluste nach sich zieht, erreichen.
Oder man muß häufiger lüften; mindestens dreimal am Tag für 10 Minuten. Diese Intervalle sind notwendig, damit sich gar nicht erst Feuchtigkeit in den Wänden festsetzen kann.
Wieviel Energie das kostet, kann man nur schätzen. Wahrscheinlich nicht mehr als die undichten Fensterfugen verursacht haben.

Gesetze und Normen:
Bundesgesetz zur Energieeinsparung
DIN 1249 Teil 1: Flachglas im Bauwesen; Fensterglas; Begriff, Maße
DIN 4108 Teil 3: Wärmeschutz im Hochbau; Klimabedingter Wärmeschutz
DIN 18 361: Verglasungsarbeiten

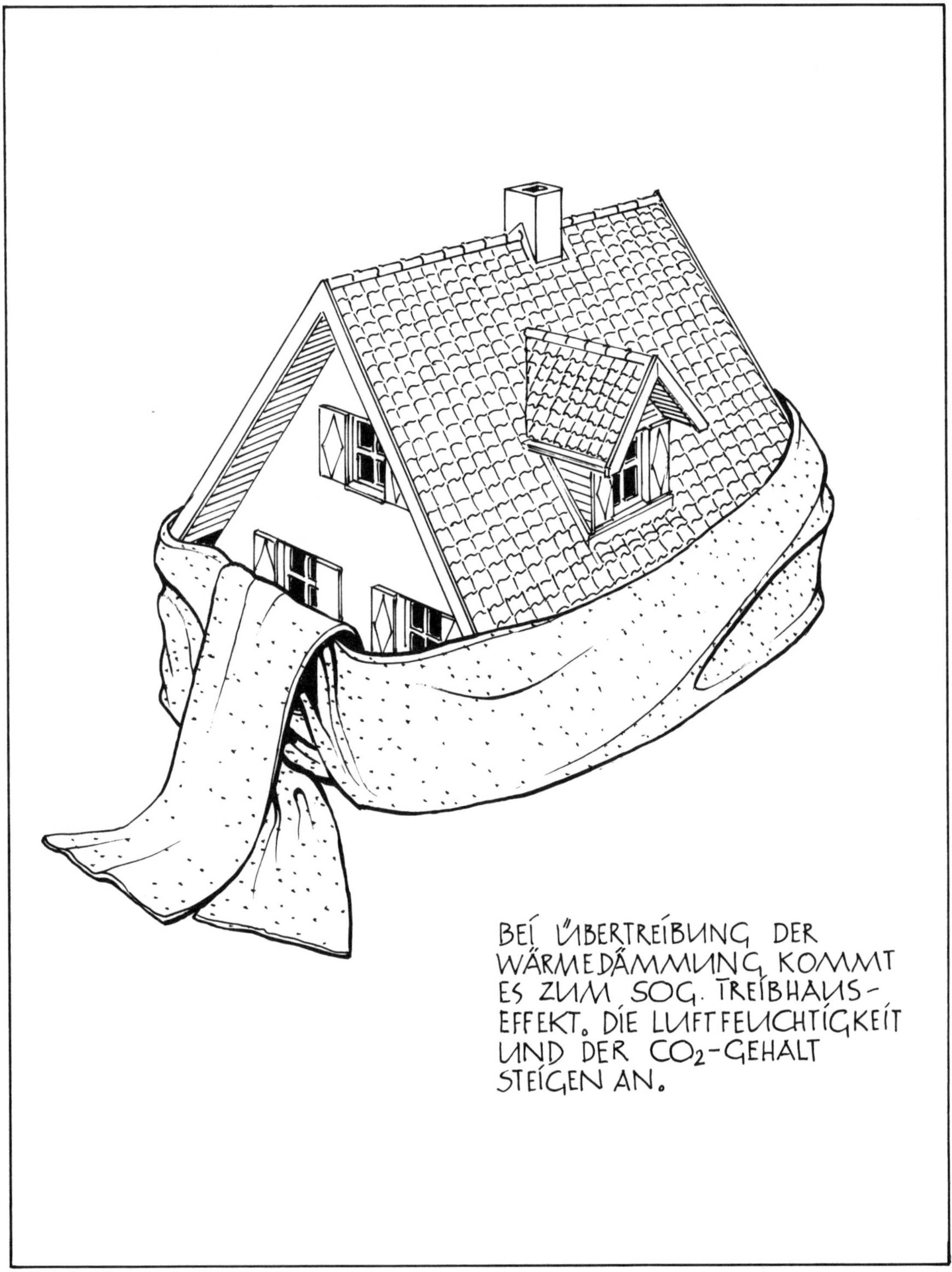
BEI ÜBERTREIBUNG DER
WÄRMEDÄMMUNG KOMMT
ES ZUM SOG. TREIBHAUS-
EFFEKT. DIE LUFTFEUCHTIGKEIT
UND DER CO_2-GEHALT
STEIGEN AN.

Fehler: Seitdem die Energiekrisen eine Überprüfung von Wärmedämmung und Heizgewohnheiten in Gang gesetzt haben, ist unter Fachleuten und Hausbesitzern viel vom sogenannten Thermosflaschen-Effekt die Rede.

Gemeint ist die Übertreibung von Wärmedämmung auf Kosten des guten und gesunden Raumklimas. Man sollte jedoch besser vom Treibhausklima sprechen, denn nicht allein die überproportionale Wärmedämmung ist die Ursache, sondern der mangelnde Luftaustausch im Gebäude wirkt sich viel schädlicher aus. Bei hoher Wärmedämmung mit K-Werten um 0,3 und fehlendem oder zu geringem Luftaustausch kommt es zum Treibhausklima mit großer Luftfeuchte.

Folgen: Alle „Schwachstellen“ im Haus, das sind alle Teile im Innenbereich, die aufgrund von Kältebrücken kälter als die Raumluft sind (siehe auch „Balkone als Kältebrücken“), wirken als Kondensator und „schwitzen“. Der menschliche Organismus reagiert mit Verzögerung, häufig mit Kreislaufproblemen und Kopfschmerzen. Aufgrund der hohen Luftfeuchtigkeit kann der Entfeuchtungsprozeß über die Lunge nur erschwert ablaufen. Außerdem sinkt der Sauerstoffgehalt in der verbrauchten Luft und die CO_2-Belastung steigt.

Abhilfe: Die Raumlüftung muß auf gesundheitlich richtige Werte eingestellt werden. Die Empfehlung, zweimal am Tag eine Stoßlüftung durchzuführen, ist medizinisch nicht untermauert. Auch zur Beseitigung von Bauschäden durch Feuchtigkeit reicht dies nicht. Der Hausbesitzer muß selbst ausprobieren, wieviel Frischluft sein Haus nötig hat und bei welcher Luftfeuchte er sich wohlfühlt.

60 Prozent relative Feuchte gelten unter Baubiologen als alarmierender oberer Wert.

30 Prozent sind im Winter hingegen keinesfalls ungesund.

Die Luft sollte in allen bewohnten Räumen mindestens alle zwei Stunden komplett ausgetauscht, das heißt durch Frischluft ergänzt werden.

Gesetze und Normen: Für das Raumklima im Wohnhaus gibt es weder Normen noch Vorschriften. Im Mietwohnungsbau haben die Bewohner lediglich Anspruch auf eine Raumtemperatur von ca. 21 Grad Celsius.

Die kontinuierliche Frischluftzufuhr durch ungedichtete Fensterfugen ist gesetzlich verboten (!).

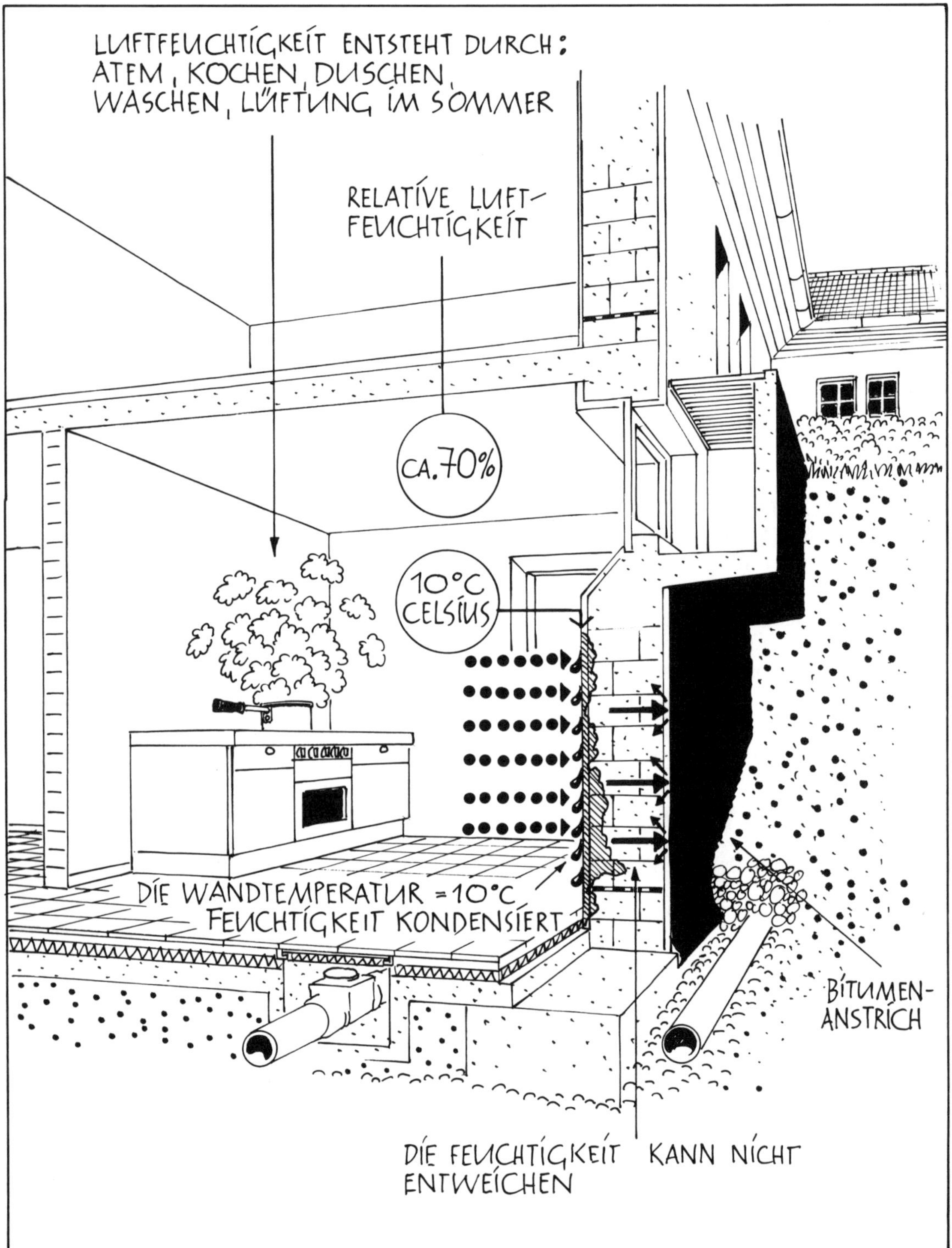
LUFTFEUCHTIGKEIT ENTSTEHT DURCH:
ATEM, KOCHEN, DUSCHEN,
WASCHEN, LÜFTUNG IM SOMMER
RELATIVE LUFT-
FEUCHTIGKEIT
CA. 70%
10°C
CELSIUS
DIE WANDTEMPERATUR = 10°C
FEUCHTIGKEIT KONDENSIERT
BITUMEN-
ANSTRICH
DIE FEUCHTIGKEIT KANN NICHT
ENTWEICHEN

Fehler: Um den Nutzen zu kleiner Häuser nachträglich zu erhöhen, wird häufig nicht nur der Dachboden, sondern auch der Keller zum Wohnen ausgebaut. Die Industrie bietet zwar viele, mehr oder weniger bewährte Systeme zur nachträglichen Isolierung und Wärmedämmung von Kellerräumen an, dennoch sollte man aus raumklimatischen Gründen keine Wohnräume im Bereich unter der Erdoberfläche planen oder ausbauen, denn der notwendige Feuchtigkeitsaustausch zwischen Raumluft, Außenwand und Außenluft findet nicht statt, weil die Kellerwände meist gut gegen das Eindringen von Erdfeuchtigkeit isoliert sind.

Folgen: Obwohl es im Keller, weil er in der Erde steckt, im Winter niemals so kalt werden kann, wie in unbeheizten Wohnräumen im Erd- oder Dachgeschoß, ist die Kelleraußenwand durch die Berührung mit dem Erdreich immer deutlich kälter als die Raumluft. Das macht sich besonders im Sommer bemerkbar und führt sofort zu Problemen, wenn dann in Unkenntnis der physikalischen Vorgänge, der Keller trockengelüftet werden soll. Das Gegenteil wird nämlich erzeugt, wenn feuchtwarme Außenluft durchs Kellerfenster strömt und die kühlen Wände berührt: die Feuchtigkeit aus der Luft kondensiert auf der Wand, wird zu Wasser und durchnäßt schnell das Mauerwerk.
Dieser Effekt tritt auch dann auf, wenn Kellerräume im Winter zum Wohnen beheizt werden. Die Feuchtigkeit aus der Raumluft durchdringt auf Dauer jede Isolierung. Viele Hausbesitzer vermuten dann, die Außenisolierung auf der Kellerwand, der sogenannte Schwarzanstrich mit Bitumen, sei undicht. Im Gegenteil: da er meist absolut dicht ist, hält er die Feuchtigkeit auch nach innen hin gefangen.
Das Raumklima in Kellerräumen ist deshalb zum Wohnen nicht geeignet.

Abhilfe: Wer im Keller wohnen will, muß das Klima akzeptieren oder ständig lüften. Auch eine Innendämmung der Wände hilft nicht, im Gegenteil: Die Kellerwand kann nun meist nicht einmal mehr nach innen austrocknen. Das Kellerklima kann man nur mit einem Schwimmbad-Entfeuchtungsgerät auf Werte bringen, die für den dauernden Aufenthalt von Menschen geeignet sind. Vorteile brachten noch die alten, schlecht isolierten Heizkessel. Ihre permanente Wärmeabstrahlung und der Frischluftverbrauch der Öl-, Gas-, oder Kohlenfeuerung trockneten zumindest den Heizraum und die nähere Umgebung aus. Seitdem die Heizanlagen-Verordnung gut wärmegedämmte Kessel vorschreibt, hilft die Heizanlage nicht mehr, das Kellerklima trocken zu halten. Zu nennen wäre indes noch ein Entfeuchtungstrick unserer Großeltern. Eine ein Zentimeter dicke Salzschüttung auf einer Tisch- oder Holzfläche von einem Quadratmeter kann Wunder wirken. Das Salz reißt alle Feuchtigkeit an sich und muß nur hin und wieder im Sonnenschein getrocknet werden.

Gesetze und Normen: Keller ist kein Wohnraum (vergleiche DIN 283 Teil 1: Wohnungen; Begriffe)

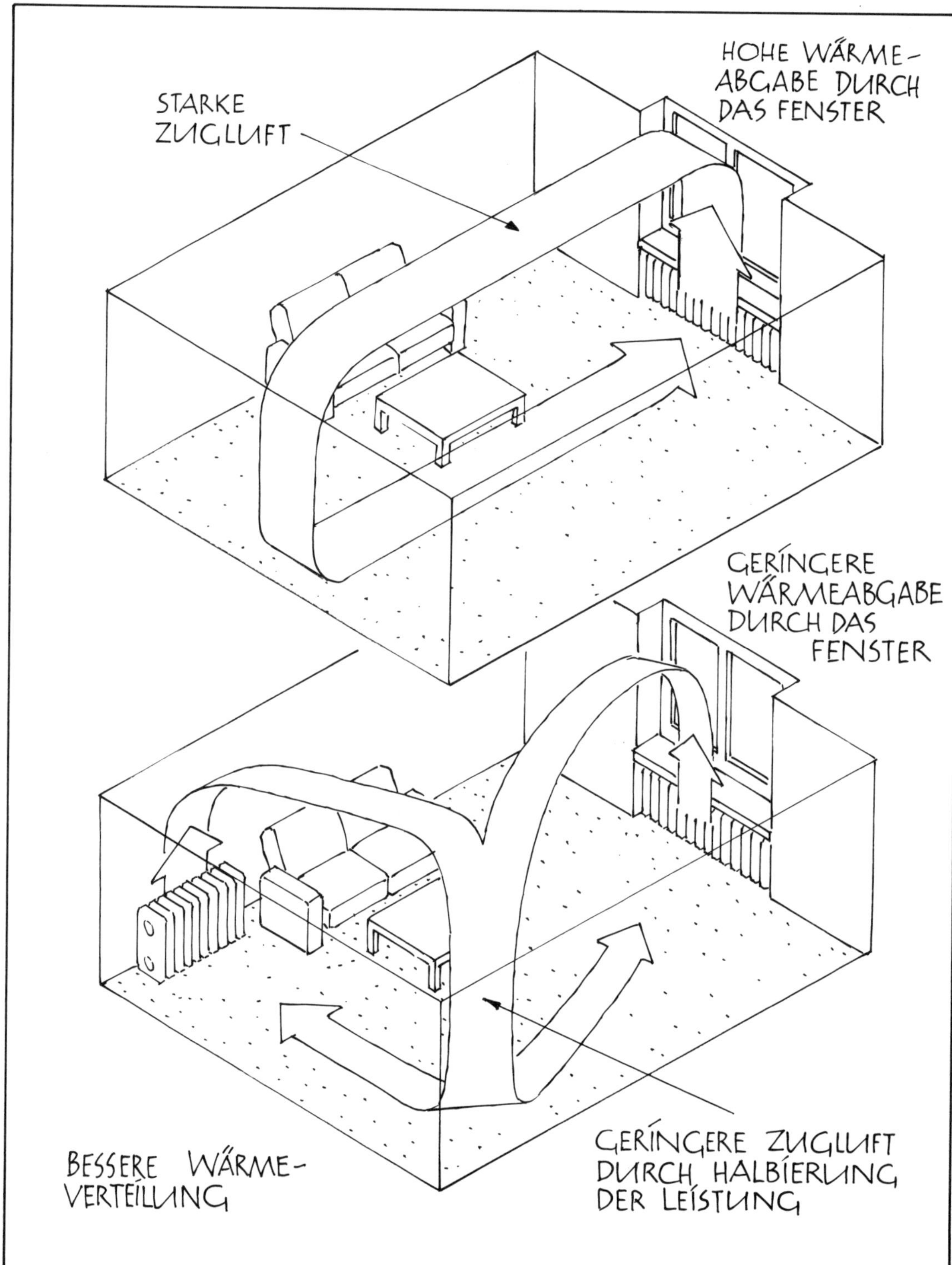
STARKE ZUGLUFT
HOHE WÄRMEABGABE DURCH DAS FENSTER
GERINGERE WÄRMEABGABE DURCH DAS FENSTER
BESSERE WÄRMEVERTEILUNG
GERINGERE ZUGLUFT DURCH HALBIERUNG DER LEISTUNG

Fehler: Daß die Heizkörper in unseren Häusern nicht nur die berechnete Wärmeleistung erbringen, sondern auch für Behaglichkeit und angenehmes Raumklima sorgen sollen, wird von vielen Heizungsbauern nicht berücksichtigt.
Nach der heute üblichen Methode werden die Heizkörper fast ausnahmslos unter den Fenstern aufgestellt und auch von ihrer Größe und Leistung her nicht immer richtig berechnet. Auch kommt es selten vor, daß in einem Raum mehr als ein Heizkörper eingebaut ist.

Folgen: Hohe Wärmeverluste treten immer dann auf, wenn Hitze und Kälte direkt aufeinanderprallen. Das ist immer dann der Fall, wenn der heiße Warmluftschleier, der über dem Heizkörper aufsteigt, sofort mit der im Winter eiskalten Fensterscheibe in Berührung kommt. Isolierglas mindert die Wärmeverluste zwar erheblich, aber trotzdem ist der Energieverbrauch deutlich höher anzusetzen, als wenn der Heizkörper vor einer Wandfläche montiert ist.
Befindet sich nur ein Heizkörper im Raum und ist dieser zudem in seiner Leistung noch relativ klein bemessen, muß er mit hohen Temperaturen betrieben werden, um das Manko auszugleichen. Die Folgen sind wiederum erhöhter Energieverbrauch und hohe Luftgeschwindigkeit (Konvektion) der Heizluft. Letzteres macht sich nicht selten als Fußkälte (Zugluft) bemerkbar, obwohl der Fußboden gut gedämmt ist.

Abhilfe: Es empfiehlt sich, in den großen Wohnräumen mindestens zwei Heizkörper einzubauen. Einen am Fenster, einen weiteren in der Nähe der Sitzplätze. Um zusammen genausoviel Energie abzugeben wie vormals ein einzelner Heizkörper, können zwei jetzt mit halber Leistung betrieben werden, das heißt, mit geringeren Vorlauftemperaturen. Außerdem werden die Sitzplätze nicht mehr vom Fenster her beheizt, sondern aus der Nähe mit milder Wärme versorgt. Dadurch steigt die Behaglichkeit und die Heizkosten sinken sogar.
Ein Heizkörper vor einer Wand steht dort nicht grundsätzlich falsch. Im Gegenteil: in vielen Fällen steigt die Behaglichkeit, da die aufgeheizte Wand wieder Wärme in den Raum abstrahlt.

Gesetze und Normen: Allgemeine Richtlinien für das Heizungsbaugewerbe
DIN 4701: Regeln für die Berechnung des Wärmebedarfs von Gebäuden
DIN 4703: Wärmeleistung von Raumkörpern
DIN 4704 Teil 1: Prüfung von Raumheizkörpern; Prüfregeln

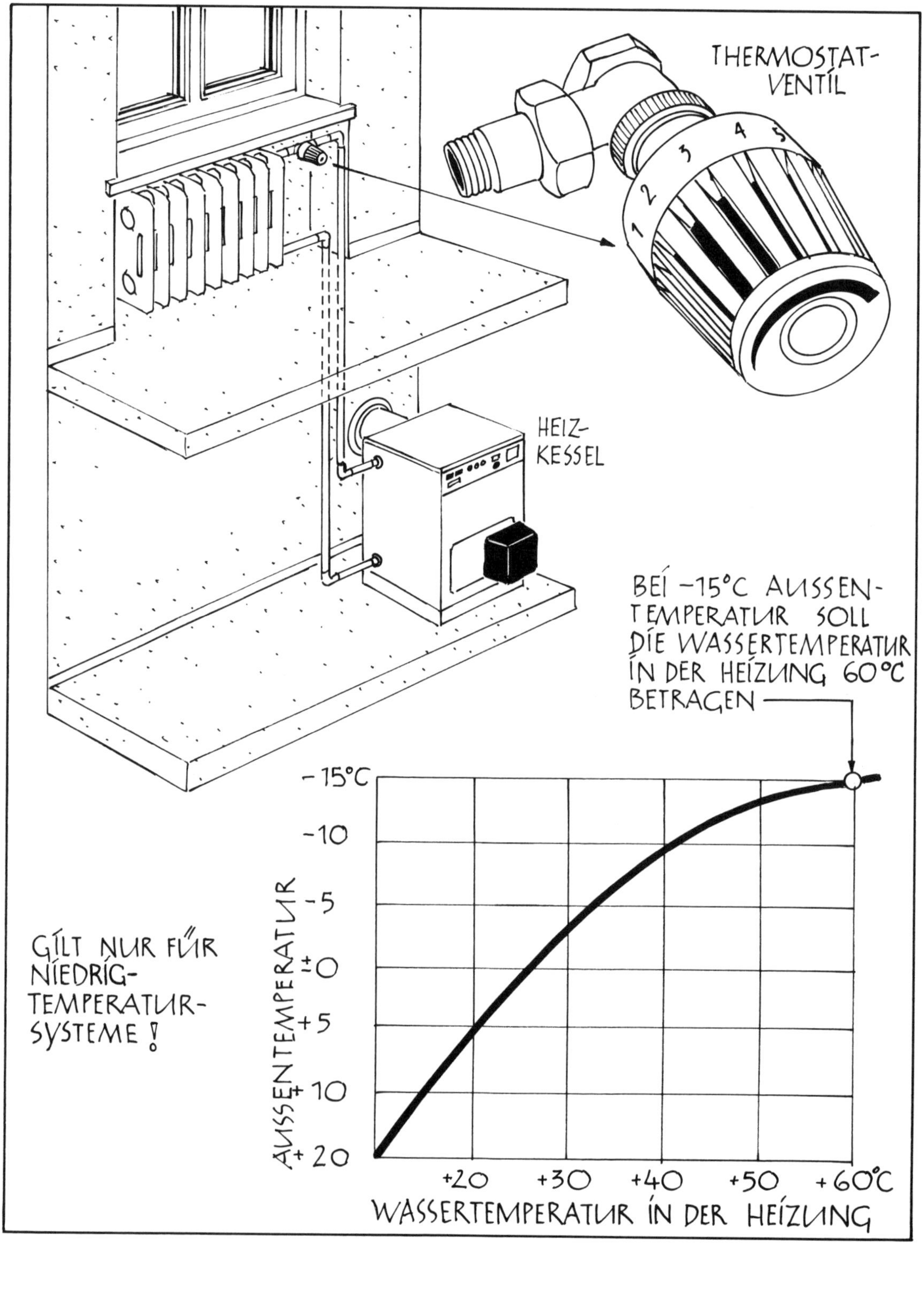
THERMOSTAT-
VENTIL
1 2 3 4 5
HEIZ-
KESSEL
BEI −15°C AUSSEN-
TEMPERATUR SOLL
DIE WASSERTEMPERATUR
IN DER HEIZUNG 60°C
BETRAGEN
GILT NUR FÜR
NIEDRIG-
TEMPERATUR-
SYSTEME !
AUSSENTEMPERATUR
−15°C
−10
−5
±0
+5
+10
+20
+20
+30
+40
+50
+60°C
WASSERTEMPERATUR IN DER HEIZUNG

Fehler: Moderne Hausheizungen werden heute in zwei Stufen geregelt. Einmal direkt am Heizkessel, des weiteren mit den Thermostatventilen an den Heizkörpern. Doch nur wenn beide Systeme perfekt zusammenarbeiten, sind gutes Raumklima und geringe Heizkosten zu erwarten. Der häufigste Fehler ist bei falschen Einstellungen am Kesselregler (falsche Heizkurve) zu finden. Hier wird vom Installateur in der Regel ein Mittelwert eingestellt und die für das Haus richtige Heizkurve nicht exakt ermittelt.

Folgen: Die automatische Heizungsregelung, die sich mit einem Außenfühler an der Außentemperatur orientiert, arbeitet nur im Winter, das heißt bei Temperaturen unter dem Gefrierpunkt zufriedenstellend. In den Übergangszeiten in Frühling und Herbst oder an kühlen Sommertagen pendelt die Raumtemperatur und muß von Hand nachgeregelt werden.

Darüber hinaus können die Thermostatventile keine Energie sparen, denn sie müssen permanent die falsche Kesseltemperatur ausgleichen. Die Heizkörper sind auch im Winter nur im oberen Drittel warm oder heiß.

Abhilfe: Die Heizkurve ist auf einen möglichst niedrigen Bereich (flach) einzustellen. Das bewirkt geringe Kesselleistung und niedrige Vorlauftemperaturen im Heizsystem. Um trotzdem genügend Wärme in die Räume zu bekommen, müssen Sie dann die Thermostatventile voll aufdrehen. Das ist auch richtig und erforderlich, denn nur so können sie Zusatzwärme, zum Beispiel durch Sonnenschein und Kachelofen, registrieren und die Heizkörper entsprechend drosseln, um Energie zu sparen.

Diese Heizkurveneinstellung muß an Ort und Stelle durch den Heizungsbauer ausführlich erklärt und entsprechend dem Haustyp (Leichtbau oder Massivbau) und dem Heizsystem so lange nachgestellt werden, bis die richtige Heizkurve ermittelt ist.

Wem dies zu mühsam ist, wählt einen selbstprogrammierbaren Heizungsautomaten mit Mikroprozessor. Er sucht sich die richtige Heizkurve selbst und korrigiert diese laufend.

Gesetze und Normen:
Bundesgesetz zur Energieeinsparung
DIN 4751: Heizungsanlagen
DIN 4752: Heißwasserheizungsanlagen mit Vorlauftemperaturen von mehr als 110 °C

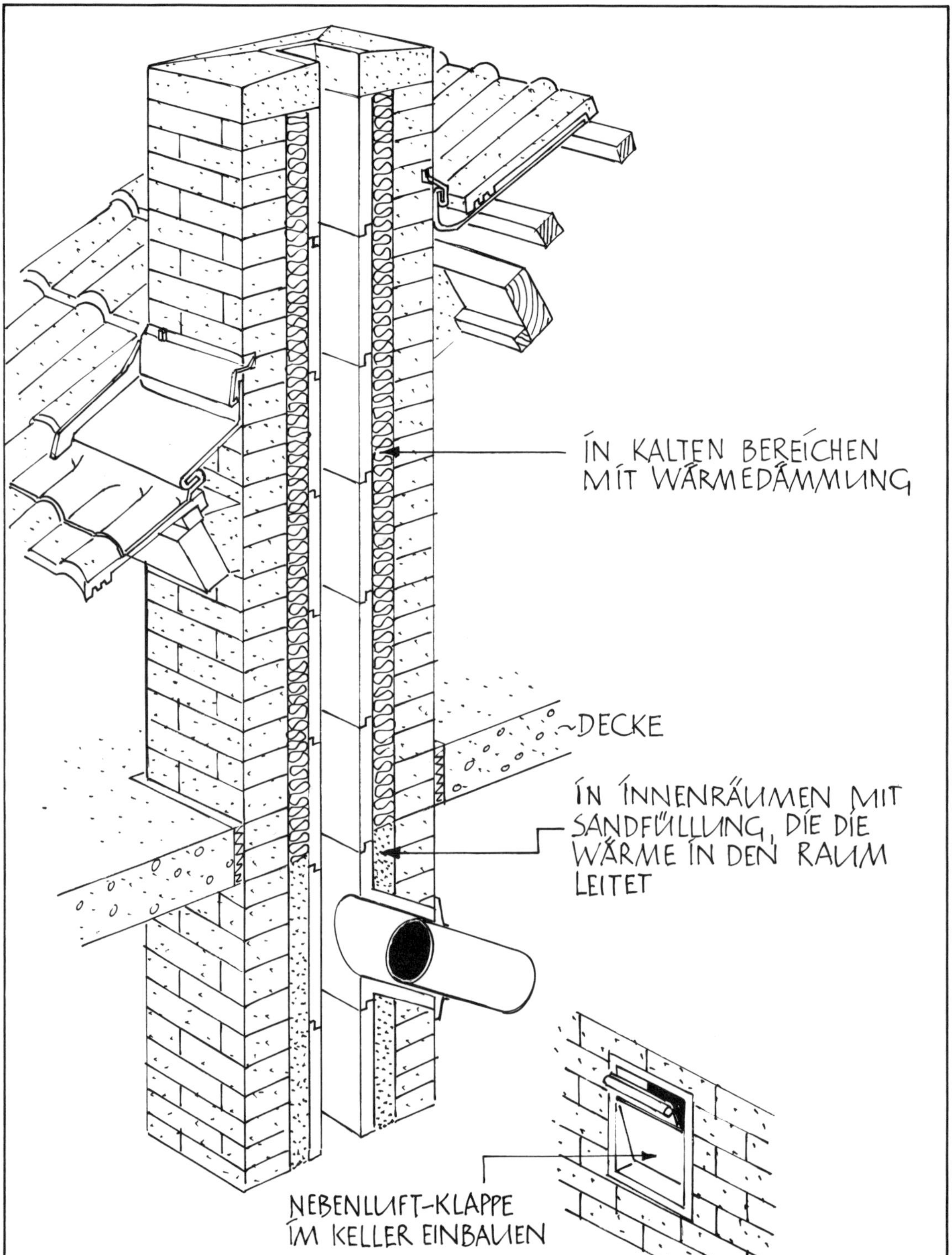
IN KALTEN BEREICHEN
MIT WÄRMEDÄMMUNG
DECKE
IN INNENRÄUMEN MIT
SANDFÜLLUNG, DIE DIE
WÄRME IN DEN RAUM
LEITET
NEBENLUFT-KLAPPE
IM KELLER EINBAUEN

Fehler: Kein Bauteil ist in den letzten Jahren so in „Schwierigkeiten" gekommen wie der Heizungs-Schornstein. Schuld ist nicht der Maurer, der nach wie vor in der Lage ist, einen soliden Rauchkanal zu mauern, in den meisten Fällen auch nicht die Heizanlage, sondern vielmehr der Heizungsinstallateur, der durch Fehlberechnung und Fehldimensionierung des Heizkessels den Schornstein fahrlässig gefährdet und zerstört. Ein Schornstein muß von Fuß bis Kopf warm sein, sonst zieht er nicht! Das weiß beinahe jeder. Ist er hingegen kalt, schlägt sich das säurehaltige Kondenswasser aus den Rauchgasen an seinen Wänden nieder. Das weiß der Kaminkehrer und auch der Heizungsbauer, doch sie haben daraus eine Wissenschaft des Schornsteinbaus gemacht, anstatt richtig zu heizen. Wenn eine überdimensionierte Heizung nur jeweils in Abständen anspringt und dann nur 10 Minuten läuft, ist das nicht „Energiesparen", sondern Umweltverschmutzung, die bereits im Schornstein mit ihrem Zerstörungswerk beginnt.

Folgen: Der Schornstein durchfeuchtet mit säurehaltigem Kondensat und wird, wenn er nicht aus besonders widerstandsfähigem Material wie Keramik oder NiRo-Stahl besteht, langsam zerstört. Braune Fahnen zeichnen sich im Dachboden oder in den oberen Wohnräumen an seinen Wandungen im Putz ab und die sind nicht zu isolieren. Sie dringen nach kurzer Zeit wieder durch jeden Anstrich.
Der Schornsteinkopf, welcher aus dem Dach ins Freie ragt, zeigt ebensolche Ruß- und Säurefahnen. Das Mauerwerk wird „aufgeweicht" und im Winter bei Frost zerstört.

Abhilfe: Die Heizung richtig einstellen oder renovieren. Ein richtig berechneter Kessel (der möglichst kleine Leistung hat) läuft kontinuierlich über längere Zeiträume, hat die richtige Verbrennungstemperatur und erwärmt den Schornstein ausreichend, so daß kein Kondensat entstehen kann. Ist die Heizung nicht zu renovieren, muß ein Edelstahlrohr gegen die Säure im Kondensat schützen. Es kann auch nachträglich in den Schornstein eingezogen und mit Wärmedämmung umgeben werden. Eine weitere Abhilfe gegen Durchfeuchtung ist der Einbau einer automatischen Nebenluftklappe im Keller. Sie läßt zusätzlich Frischluft in den Schornstein und kann dazu beitragen, Feuchtigkeit auszutrocknen. Diese Maßnahme funktioniert nicht immer zufriedenstellend und sollte mit dem Schornsteinfeger und dem Heizungsbauer abgestimmt werden.

Gesetze und Normen:
DIN 4705: Berechnung von Schornsteinabmessungen
DIN 4751: Heizungsanlagen
DIN 18160 Teil 1: Hausschornsteine; Anforderungen, Planung und Ausführung

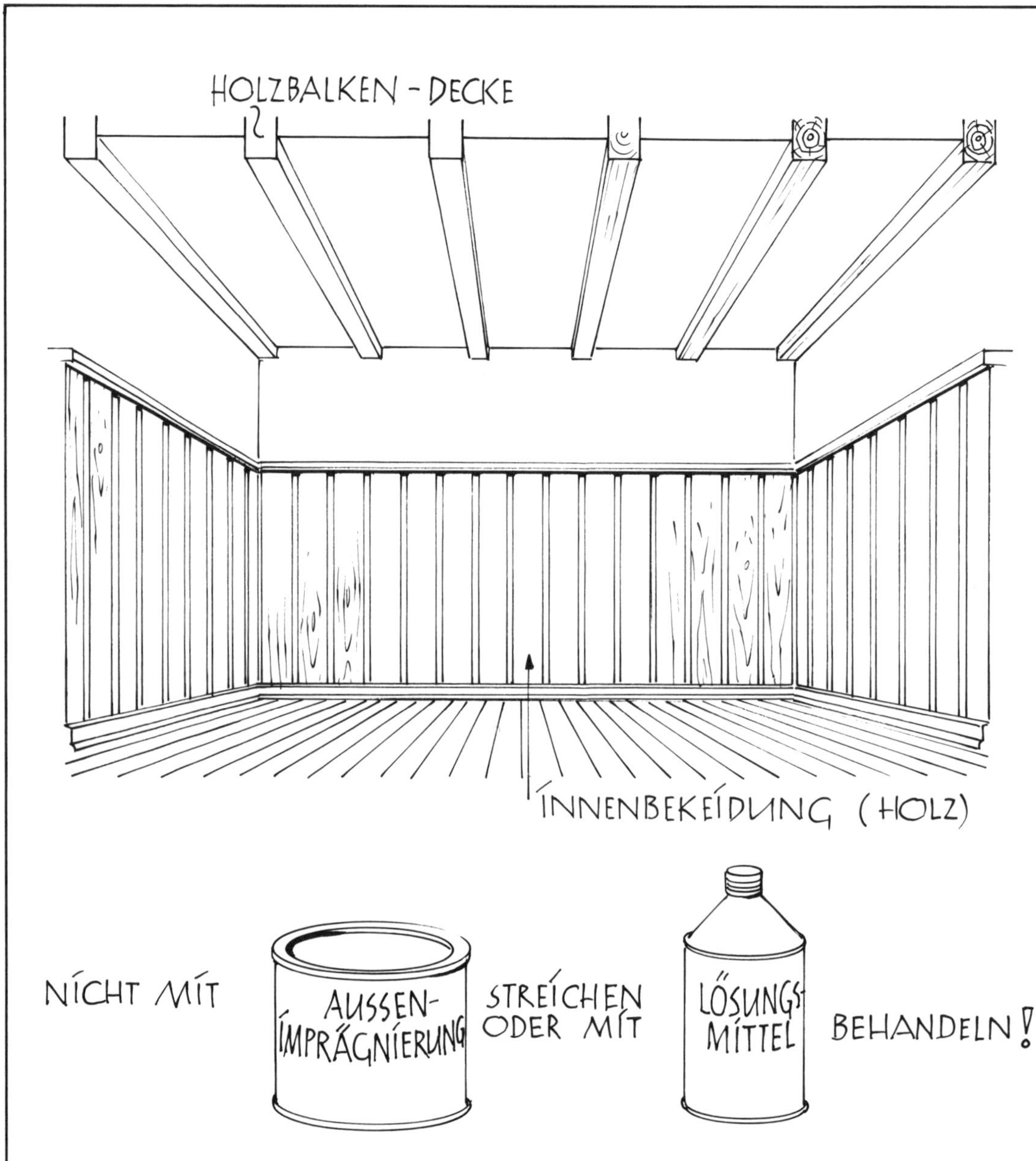
HOLZBALKEN - DECKE
INNENBEKEIDUNG (HOLZ)
NICHT MIT
AUSSEN-
IMPRÄGNIERUNG
STREICHEN
ODER MIT
LÖSUNGS-
MITTEL
BEHANDELN!
HÄUFIGER LÜFTEN
REDUZIERT DIE
SCHADSTOFF-
BELASTUNG.

Fehler: Ein richtig gebautes Haus schützt sich selbst und seine Bewohner. Die Hersteller von Imprägnierungen, Beschichtungen und Versiegelungen haben es indes gut verstanden, die Vorteile ihrer Produkte ins rechte Licht zu rücken und die scheinbare Unentbehrlichkeit beim modernen Bauen darzustellen. Der älteste Baustoff, nämlich Holz, galt ab Mitte der 60er Jahre plötzlich als problematisch, wenn er nicht imprägniert wurde. Daß dies tausend Jahre nicht notwendig war, von ganz speziellen Fällen einmal abgesehen, schien vergessen. So wundert es nicht, wenn Hausbesitzer und Handwerker nach der Methode „viel hilft viel" literweise Holzschutzmittel verbrauchten und nur selten danach fragten, welche Gifte darin enthalten waren und ob sie für den Menschen gefährlich sein könnten. Reste von Außenimprägnierungen wurden bedenkenlos für die Gestaltung von Balken und Brettern innen im Haus verwendet und um die Verarbeitungsvorschriften kümmerten sich die „Do-it-yourselfer" ohnehin kaum.

Folgen: Hochgiftige Chemikalien zogen in den Putz und ins Mauerwerk von Wohnräumen und in die sichtbaren Vertäfelungen und Balkenlagen rustikaler Häuser. Mit dem Wechsel von Temperatur und Feuchte dunsteten diese Gifte mehr oder minder stark aus und beeinflußten das Raumklima. Das ging verhältnismäßig gut, bis die Energiesparwelle das Lüften teuer und die Fenster dicht machte. Von dem Zeitpunkt an häuften sich die Klagen über unerklärliche Erkrankungen, Allergien und Kopfschmerzen. Nicht in jedem Fall sind Imprägnierungen schuld und viel ist übertrieben dargestellt worden. Die erhöhte Klimabelastung durch Chemikalien in der Raumluft bei zu geringer Lüftung ist jedoch unbestritten.

Abhilfe: Wer auf imprägnierte Bauteile im Innenbereich allergisch reagiert, sollte diese – meist Verkleidungen oder Vertäfelungen – herausreißen und neu herstellen. Wie gesagt, es muß in diesem Fall besonders gut und häufig gelüftet werden. Mit Sperrlacken kann man bei Balken die Oberfläche „versiegeln" und weiteres Ausdunsten von Chemikalien zumindest stark reduzieren.

Bei Neuanstrichen sind Bio-Farben vorzuziehen. Aber auch andere Anstriche können ebenfalls mittlerweile unbedenklich sein. Die Hersteller geben heute Garantien. Malerarbeiten sollten nur unter diesen Bedingungen vergeben und auch während der Arbeit kontrolliert werden, denn auch Hilfsmaterialien des Malers, Lösungsmittel, Abbeizer, Verdünnungen und andere Zusatzstoffe können gesundheitsschädlich sein, obwohl eine reine Bio-Farbe zum Einsatz kommt.

Gesetze und Normen: Hierzu gibt es noch keine Vorschriften.
Nur für Radioaktivität und Toxizität von Materialien sind teilweise Höchstwerte festgeschrieben.

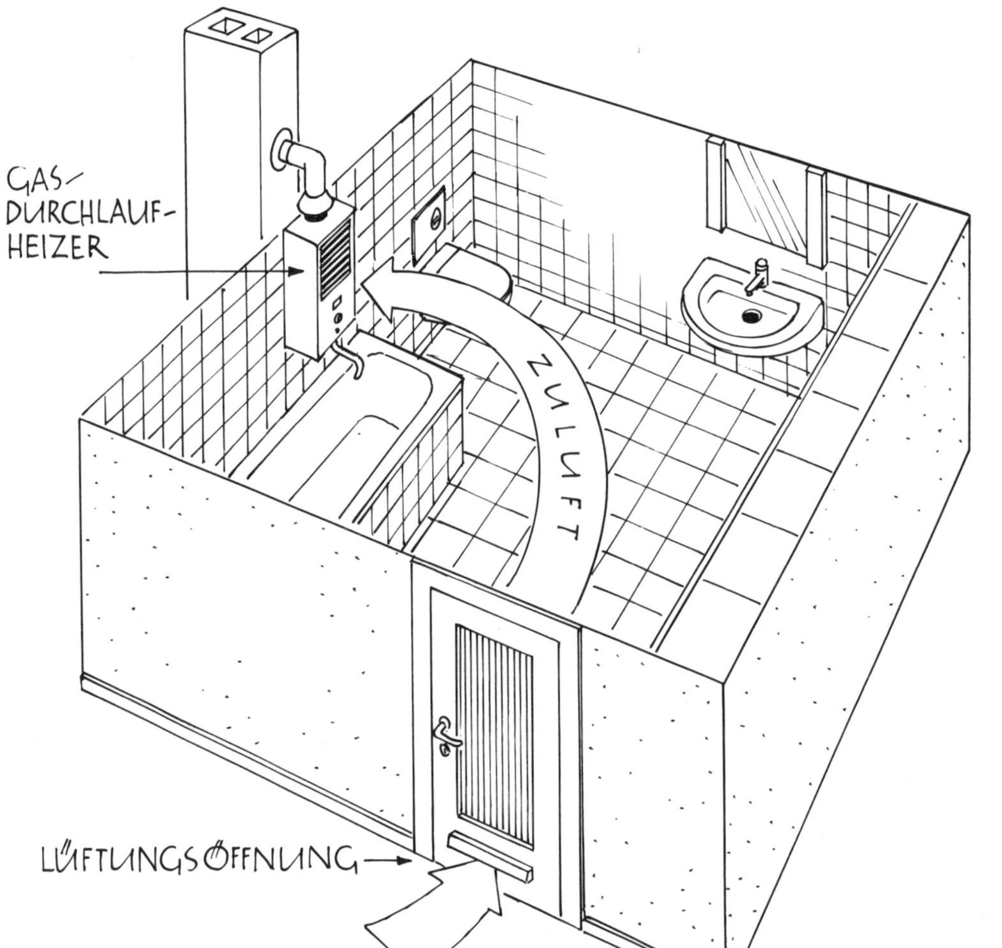

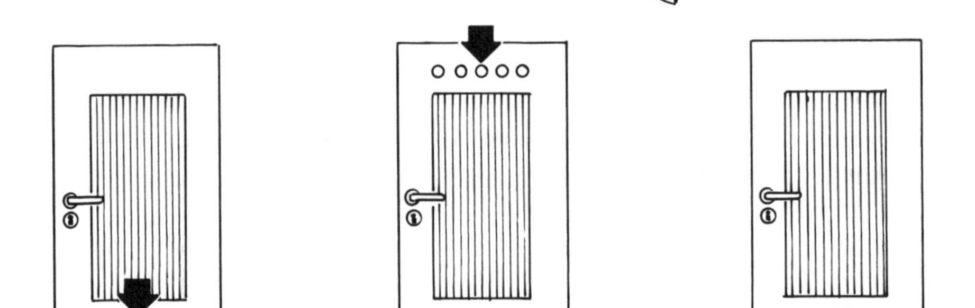

LÜFTUNGSÖFFNUNGEN IN TÜREN (MIND. QUERSCHNITT 150 cm²)

Fehler: Schon in den 30er Jahren wurde Gas auch als Heizquelle zur Badewasserbereitung entdeckt, der Begriff „Gastherme“ stammt aus dieser Zeit. Gasunfälle waren damals nicht selten, denn für den enormen Sauerstoffbedarf von Gasfeuerstätten und Boilern reichte häufig die Luftmenge in den kleinen Badezimmern nicht aus und nicht wenige Menschen sind in der Badewanne gestorben.
Nicht an Gasvergiftung, sondern sie sind an Sauerstoffmangel erstickt.
Seit Mitte der 70er Jahre ist die Gasheizung wieder auf dem Vormarsch, weil sie viele Vorteile hat. Hausbesitzer und Installateure mußten indes wieder lernen, daß Gasfeuerstätten viel Verbrennungsluft benötigen. Und deshalb sind in viele mit Gas ausgerüstete Küchen und Bäder Lüftungsöffnungen in die Fenster und Türen eingeschnitten, die keineswegs, aus Unkenntnis oder weil man Energie sparen will, zugestopft werden dürfen.

Folgen: Bekommt eine Gasfeuerstätte nicht genügend Frischluft, sind die Folgen fast immer fatal. Da bei ungenügender Luftzufuhr auch der „Zug“ im Schornstein oder in der Abgasführung zusammenbricht, strömen dann erst einmal die Brenngase in den Raum. Schon nach wenigen Minuten kann sich dann in einem kleinen Bad soviel CO_2 bilden, daß es für den Menschen gefährlich wird. Auch der Verbrennungsvorgang im Gasgerät wird weiter beeinträchtigt und es bildet sich das hochgiftige Kohlenmonoxyd, welches zwar nicht explosiv, aber tödlich ist.

Abhilfe: Wenn Gasfeuerstätten in kleine Räume eingebaut sind, sollte man im Zweifelsfall den Installateur konsultieren. Auch das Gasversorgungsunternehmen ist ein guter Ratgeber. Sind genügend Öffnungen für die Frischluftzufuhr eingebaut? Stimmt die Abgaszuführung? Ist die Kilowatt-Leistung des Gerätes richtig eingestellt? Diese Fragen kann nur der Installateur oder das Gaswerk beantworten. Und man sollte sich beim Kauf eines gebrauchten Hauses oder bei der Abnahme eines Neubaus hier Gewißheit verschaffen. Wenn der Installateur einen Verbrennungsluftverbund herstellt, der es ermöglicht, daß die Gasgeräte und Feuerstätten ihre Verbrennungsluft aus dem ganzen Haus holen, bekommt man als Bewohner einen zusätzlichen Vorteil: die Gasheizung saugt die verbrauchte Luft aus dem Haus und funktioniert besonders im Winter als ausgezeichnete Lüftungsanlage, die sich von selbst regelt.

Gesetze und Normen:
DIN 4788: Gasbrenner
DIN EN 26: Durchlauf-Wassererheizer für die sanitäre Brauchwasserbereitung mit gasförmigen Brennstoffen
SR-Gas: Sicherheitstechnische Richtlinien Gas
DVGW-TRGI: Technische Regeln für Gasinstallation
DVGW-TRF: Technische Regeln Flüssiggas

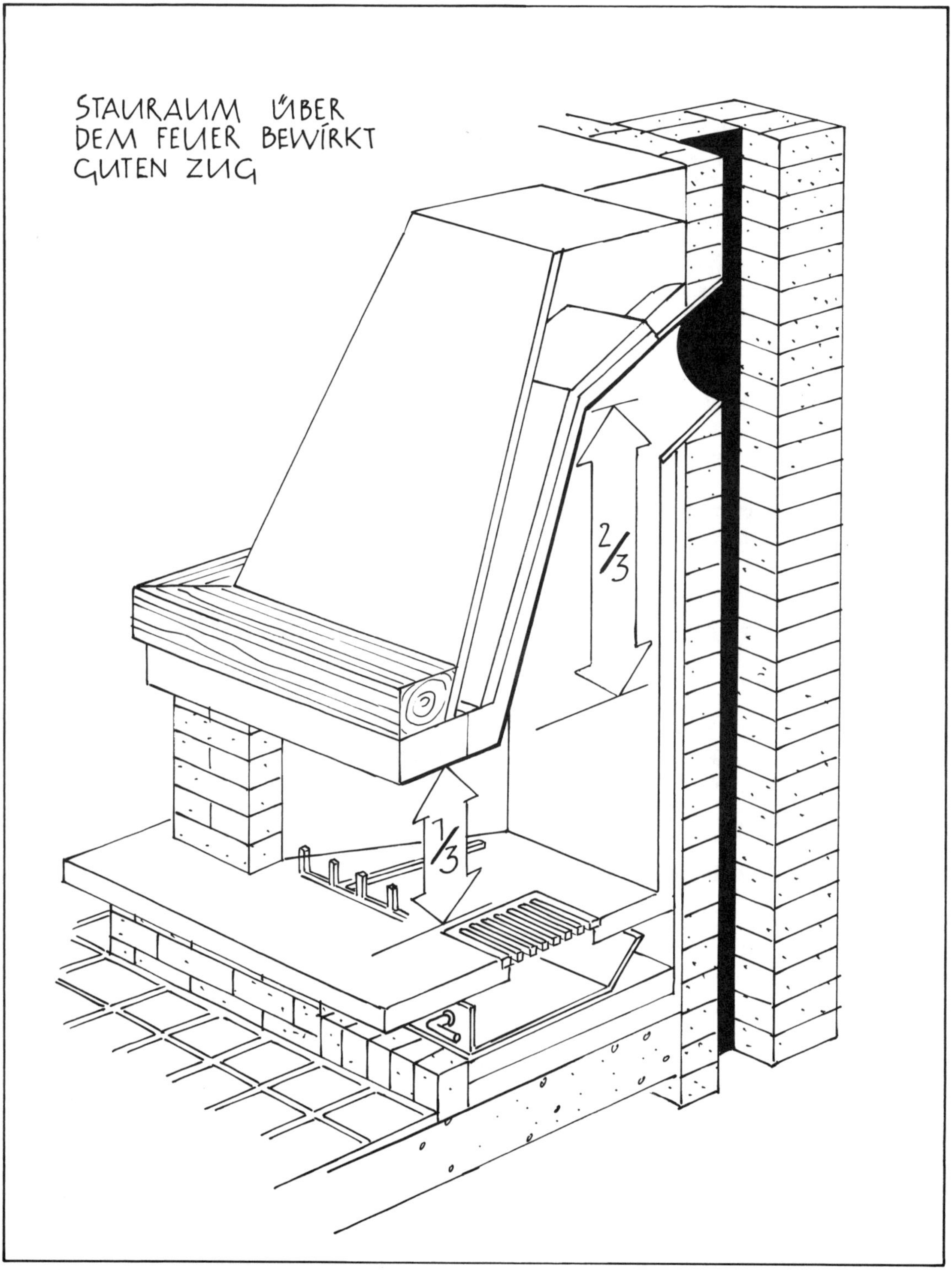
STAURAUM ÜBER
DEM FEUER BEWIRKT
GUTEN ZUG
2/3
1/3

Fehler: Schwarze Rauchspuren am Kaminsims und reicher Behang mit dekorativen Kleinigkeiten beweisen: der Kamin wird nicht benutzt, weil er nicht richtig funktioniert, sprich: nicht zieht. Als die Kaminbauer noch Wärmequellen bauen mußten, die tagtäglich in Gebrauch waren, wußte man, daß alle Formen, alle Materialien sich unterzuordnen hatten unter die einzige Forderung: es muß möglichst viel Wärme erzeugt werden!
Heute werden offene Kamine überwiegend zur Dekoration gebaut, weil man inzwischen weiß, daß die Zentralheizung, aber auch der geschlossene Kachelofen, nicht nur bequemer, sondern auch billiger heizen. Vielfach wird deshalb der offene Kamin falsch gebaut, in der Vermutung, die Rauchgase würden schon den Weg in den Schornstein finden. Das Verhältnis von Feuerraum und Kaminschürze, mit dem Hohlraum darüber, stimmt meist nicht.

Folgen: Der Rauch aus dem offenen Kamin zieht nicht oder nur selten in den Schornstein, sondern quillt in den Wohnraum.

Abhilfe: Rauchgase können nur einwandfrei aufsteigen und abziehen, wenn sie entweder wärmer (und deshalb leichter) als die Umgebungsluft sind und wenn die Druckverhältnisse im Haus (Frischluftzufuhr) das ermöglichen. Deshalb muß Frischluft nachziehen können, wenn Rauch im Schornstein aufsteigt. Und über dem Feuer muß sich in einem „geschlossenen" Raum der nötige Druck aufbauen können, der die Rauchgase in den Schornstein und zum Aufsteigen zwingt. Kaminbauer, Ofensetzer (Haffner) und Schornsteinfeger haben da ihre jeweiligen Erfahrungswerte und Rechenformeln.
Grundsätzlich kann man jedoch folgende Regel anwenden, wenn der Kamin gut brennen und ziehen soll:
die Höhe des Brennraums (freie Feuerstelle unter der Kaminschürze) soll lediglich ein Drittel des ummauerten Stauraums über dem Feuer betragen. Das heißt, über dem Feuer muß sich ein hohler „Luftraum" befinden, in dem sich der Staudruck wie in einem Heißluftballon aufbaut.

Gesetze und Normen: Für den Bau von offenen Kaminen gibt es keine.
Der zuständige Schornsteinfeger oder Kaminkehrer bescheinigt jeweils die ordnungsgemäße Ausführung.
DIN 18160 Teil 1: Hausschornsteine; Bemessung und Ausführung

AUSSENANLAGEN

Geld, das in der Erde steckt

Bei der Kostenkalkulation von Privathäusern werden in der Regel die Außenanlagen übersehen oder unterbewertet. Da die Baukosten bei vielen Häusern durch Sonderwünsche oder unerwartete Positionen steigen, bleibt am Ende meist kein Geld für die Gestaltung des Grundstücks und den Ausbau der Funktionsbereiche, Wege, Auffahrt, Terrasse übrig. Auch sind Außenanlagen für Eigenhilfe prädestiniert und werden überwiegend auch vom Bauherrn oder Hausbesitzer selbst bewältigt. Daß man aber auch für die Herstellung von Außenanlagen Grundwissen und Erfahrung benötigt, zeigt sich meist, wenn nach dem ersten Winter die Gehwegplatten zum Hauseingang absacken oder sich auf der Auffahrt zur Garage Fahrspuren abzeichnen.
Wer einmal beim Straßenbau gesehen hat, aus wie vielen Schichten ein tragfähiger Unterbau hergestellt wird, kann sich vorstellen, daß man auch bei einem einfachen Gehweg die Betonplatten nicht nur auf den Mutterboden legen kann.
Vielfach wird bei gepflasterten Wegen und Auffahrten das notwendige Gefälle zum Ablaufen des Regenwassers vergessen. Im Normalfall genügen auch meist die Fugen, um das Wasser versickern zu lassen. Prasselt jedoch einmal ein Gewitterregen auf das Pflaster, ist gegen Sturzbäche, die sich in die Kellerlichtschächte und dann auch ins Haus ergießen, meist schnelle Hilfe unmöglich.
Auch ist den wenigsten Hausbesitzern und Bauherrn klar, daß so „leichte“ Konstruktionen, wie Pergolen, Zäune und Gartenmauern standfeste und frostsichere Fundamente benötigen und gegen Winddruck ausgesteift werden müssen.

Beleuchtung sichert

Zu den Außenanlagen gehört auch die Beleuchtung von Zuwegen, Terrasse und Garten. Mit einigen wenigen Metern Erdkabeln und wasserfesten Strahlern wird auch am Abend das Umfeld sicherer gegen ungebetene Gäste und auch für Besucher und Freunde, die man gern sieht. Die beleuchtete Hausnummer ist wichtiger Bestandteil dieser Sicherheit, denn wer zu später Stunde einmal Notarzt oder Krankenwagen rufen muß, dem ist ein schnelles Auffinden seines Hauses wichtig.

Nachbarrechte berücksichtigen

Probleme macht häufig das Recht des Nachbarn, über die Gestaltung der Grenze mitzuentscheiden, denn Bäume und Sträucher halten sich nicht an Vorschriften und wachsen munter drauflos. In den meisten Bundesländern gilt deshalb die Regel, daß die von der Straßenseite rechts befindliche Grenzbefestigung und Erhaltung von Zäunen und Gittern Sache des Grundstückseigentümers ist. Auch dürfen Zäune und Mauern auf der Grenze in der Regel nicht höher als 1,30 Meter sein. Höhere Abgrenzungen sind möglich, je weiter der Zaun von der Grenze entfernt steht. Dafür gibt es Formeln, die örtlich verschieden sein können.

Rankpflanzen halten den Keller trocken

Bei der Bepflanzung von Grundstücken haben viele Bauherrn Angst vor Gewächsen, die die Fassaden begrünen. Sie fürchten Schäden am Gebäude durch freie Saugwurzeln, die in die Fassadenfugen eindringen und diese noch weiter aufsprengen. Meist ist jedoch das Gegenteil der Fall. Die Fassade wird durch Rankpflanzen vor Regen geschützt und entfeuchtet, wenn ihr Wurzelwerk im Boden das Erdreich um das Gebäude trockensaugt. Früher wurde Spalierobst auch deshalb an die Hausfassade gepflanzt, um das Kellermauerwerk und damit den Keller trocken zu halten.

Bäume als Sonnenschutz

Leider ist heute das Pflanzen von Bäumen aus der Mode gekommen. Die meisten Bauherrn wollen schnelle Ergebnisse in ihrer Gartenanlage sehen und können das relativ langsame Wachstum von Bäumen nicht abwarten. Dabei sind gezielt gepflanzte Bäume ein guter Schutz für das Gebäude, gegen Sturm, Regen und gegen die allzu heiße Sonneneinstrahlung auf die Fassaden im Sonner. Es empfiehlt sich also, mit dem Roden alter Bäume vorsichtig zu sein; nicht nur wegen des Naturschutzes, sondern wegen einer vielleicht bisher nicht erkannten Schutzfunktion für das Gebäude.

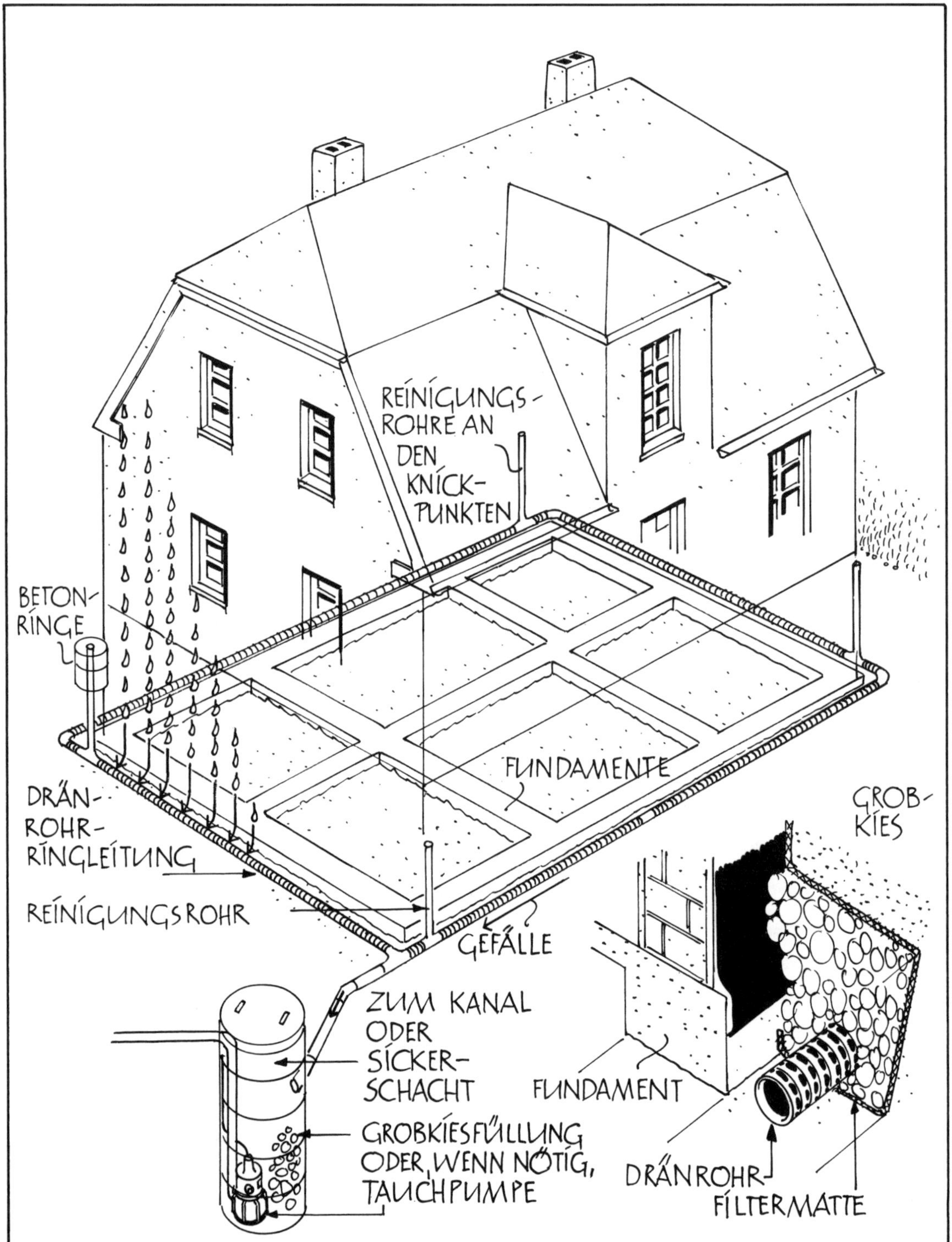
REINIGUNGS-
ROHRE AN
DEN
KNICK-
PUNKTEN
BETON-
RINGE
FUNDAMENTE
DRÄN-
ROHR-
RINGLEITUNG
REINIGUNGSROHR
GEFÄLLE
GROB-
KIES
ZUM KANAL
ODER
SICKER-
SCHACHT
FUNDAMENT
GROBKIESFÜLLUNG
ODER, WENN NÖTIG,
TAUCHPUMPE
DRÄNROHR
FILTERMATTE

Fehler: Drainagen können bei Bauwerken mit Unterkellerung oder bei Bauten am Hang notwendig werden. Die Aufgabe einer Drainage ist, Grund- oder Oberflächenwasser zu sammeln und vom Gebäude wegzuführen. Die Drainagenleitungen sind so zu verlegen und einzubetten, daß das anfallende Wasser in die Leitungen sickern kann und durch Gefälle in den Leitungen abgeführt wird.
Die Dränrohre müssen 30 bis 50 cm unter dem zu entwässernden Bauteil liegen. Es ist sinnvoll, an den Gebäudeecken Revisionsschächte oder Anschlüsse zum Spülen (Reinigen) der Rohre zu erstellen. Der Ablauf des in der Drainage gesammelten Wassers ist sicherzustellen, durch Gefälle, einen Entwässerungskanal oder durch einen Sammelschacht, aus dem das Wasser mit einer Tauchpumpe abgepumpt wird.

Folgen: Überwiegend werden Bauten nur gegen Erdfeuchtigkeit geschützt. Bei Bauwerken, die dem Wasserdruck widerstehen sollen, reicht das nicht aus. Wird versäumt, eine Drainage einzubauen oder wird sie fehlerhaft verlegt, so setzt man den gefährdeten Baubereich dem Grund- oder Oberflächenwasser aus, so daß der Baukörper nicht nur der Erdfeuchtigkeit, sondern „drückendem“ Wasser widerstehen muß. Dann werden die Wände naß oder der Keller steht unter Wasser.

Abhilfe: Vor Erstellung des Bauvorhabens sollte man bereits prüfen, ob eine Drainage zum Beispiel wegen Sickerwasser am Hang oder schwankendem Grundwasserspiegel im Bereich der Sohle notwendig ist. Ist dies nicht geschehen, läßt sich auch bei vorhandenen Bauten nachträglich eine Drainage um das Gebäude herum verlegen. Dann sollte man beachten, daß die Drainage ca. 50 cm unter der Sohlenhöhe des Kellers liegt. Liegt die Drainage unterhalb der Grundwasserhöhe, baut man einen Sammelschacht, der durch eine Tauchpumpe entwässert wird. Damit sich die Drainage nicht durch bindige Böden (Lehm, Ton o. ä.) dichtsetzt, sind die Rohre in ca. 50 cm Kies einzulegen und mit Kies oder Sand abzudecken. Als Dränrohr haben sich flexible Kunststoffrohre mit Sisal-Ummantelung bewährt. Diese Rohre sind in Durchmessern von 100 bis 200 mm im Handel. Vor die Wände können senkrecht Drainageplatten aus Hartschaum oder Bims verlegt werden, die Stau- und Regenwasser direkt zum Dränrohr ableiten.

Gesetze und Normen: DIN 1185 Teil 3: Dränung; Regelung des Bodenwasser-Haushaltes durch Rohrdränung, Rohrlose Dränung und Unterbodenmelioration, Ausführung

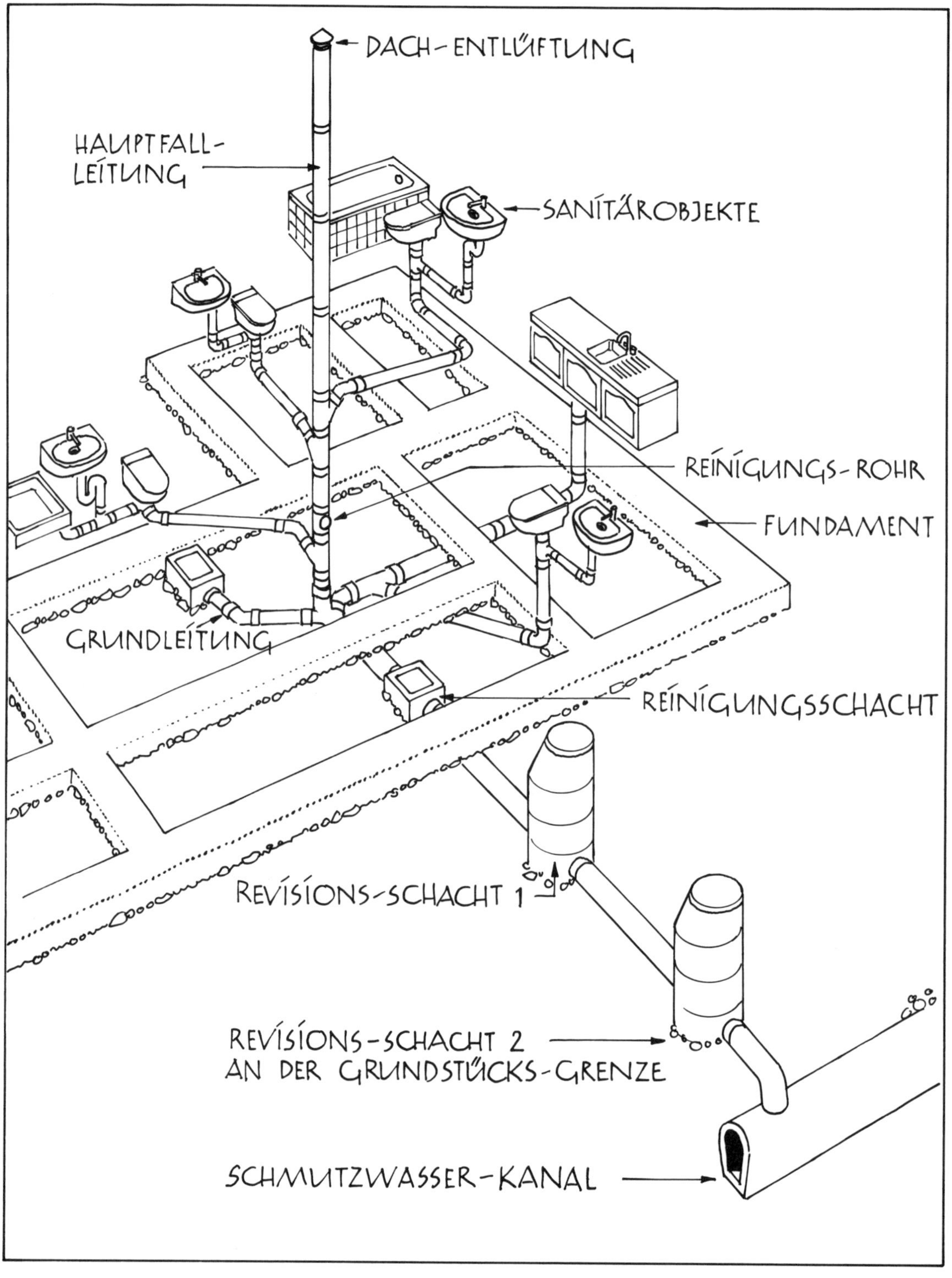
DACH-ENTLÜFTUNG
HAUPTFALL-LEITUNG
SANITÄROBJEKTE
REINIGUNGS-ROHR
FUNDAMENT
GRUNDLEITUNG
REINIGUNGSSCHACHT
REVISIONS-SCHACHT 1
REVISIONS-SCHACHT 2 AN DER GRUNDSTÜCKS-GRENZE
SCHMUTZWASSER-KANAL

Fehler: Rohrverstopfungen bei wasserableitenden Rohren sind eine unangenehme Sache. Um eine Reinigungs- und Kontrollmöglichkeit zu haben, stellt man Revisionsschächte und -öffnungen her, durch die Spülungen des Rohrsystems durchgeführt oder flexible Reinigungsspiralen eingeführt werden können.
Leider sind ausreichende Revisionsmöglichkeiten oft nicht vorhanden.

Folgen: Bei fehlenden Revisionsmöglichkeiten ist das Freigraben und Öffnen des Rohrsystems unumgänglich. Dabei werden nicht selten die Rohre zerstört, teilweise ist der Austausch der Rohre und der nachträgliche Einbau von Revisionsöffnungen nötig. Der auftretende Schaden bei verstopften Rohren ist erheblich höher als die Kosten einer Rohrreinigung durch Spülen über Revisionsöffnungen. Auch vorbeugende Maßnahmen (Reinigung in regelmäßigen Abständen) gegen Rohrverstopfungen sind ohne Revisionsöffnungen nicht möglich.

Abhilfe: Fachfirmen sind mit Spezial-Druckwasser-Reinigungsgeräten in der Lage, festgesetzte Sandablagerungen oder sonstige Feststoffe, die Verstopfungen hervorrufen, freizuspülen. Rohrrevisionsmöglichkeiten werden bereits bei der Planung der Abwasserrohrsysteme festgelegt. Der zusätzliche Aufwand ist beim Bau gering, die Arbeiten können gleich beim Herstellen des Rohrsystems ausgeführt werden. Ist dies versäumt worden, so müssen die im Erdreich liegenden Anschlußpunkte freigegraben werden und verschließbare Revisionsöffnungsformstücke zwischengesetzt werden. Bei tiefliegenden Abwasserrohren empfiehlt sich der Einbau von Betonschächten über den Anschlüssen. Bei Ringdrainagen werden Rohrspülanschlüsse als Rohrstück mit einem T-Anschluß an den jeweiligen Gebäudeecken bis Oberkante Erdreich geführt und dort mit einem Kunststoffdeckel verschlossen.
Im Innenbereich des Hauses sollten jeweils an den Stellen Revisionsöffnungen eingebaut werden, an denen die Rohre durch das Mauerwerk nach außen führen. Eine Überprüfung der Rohre erfolgt, indem man Wasser mit Farbzusätzen einleitet und den Durchflußzeitpunkt und die Durchflußmenge an den Revisionsöffnungen oder Schächten kontrolliert.

Gesetze und Normen: Durchführungsverordnung zur jeweiligen Landesbauordnung
Bestimmungen der örtlichen Abwasserbehörden
Allgemeine Handwerksrichtlinien
DIN 1986: Entwässerungsanlagen für Gebäude und Grundstücke
DIN 18 306: Entwässerungskanalarbeiten

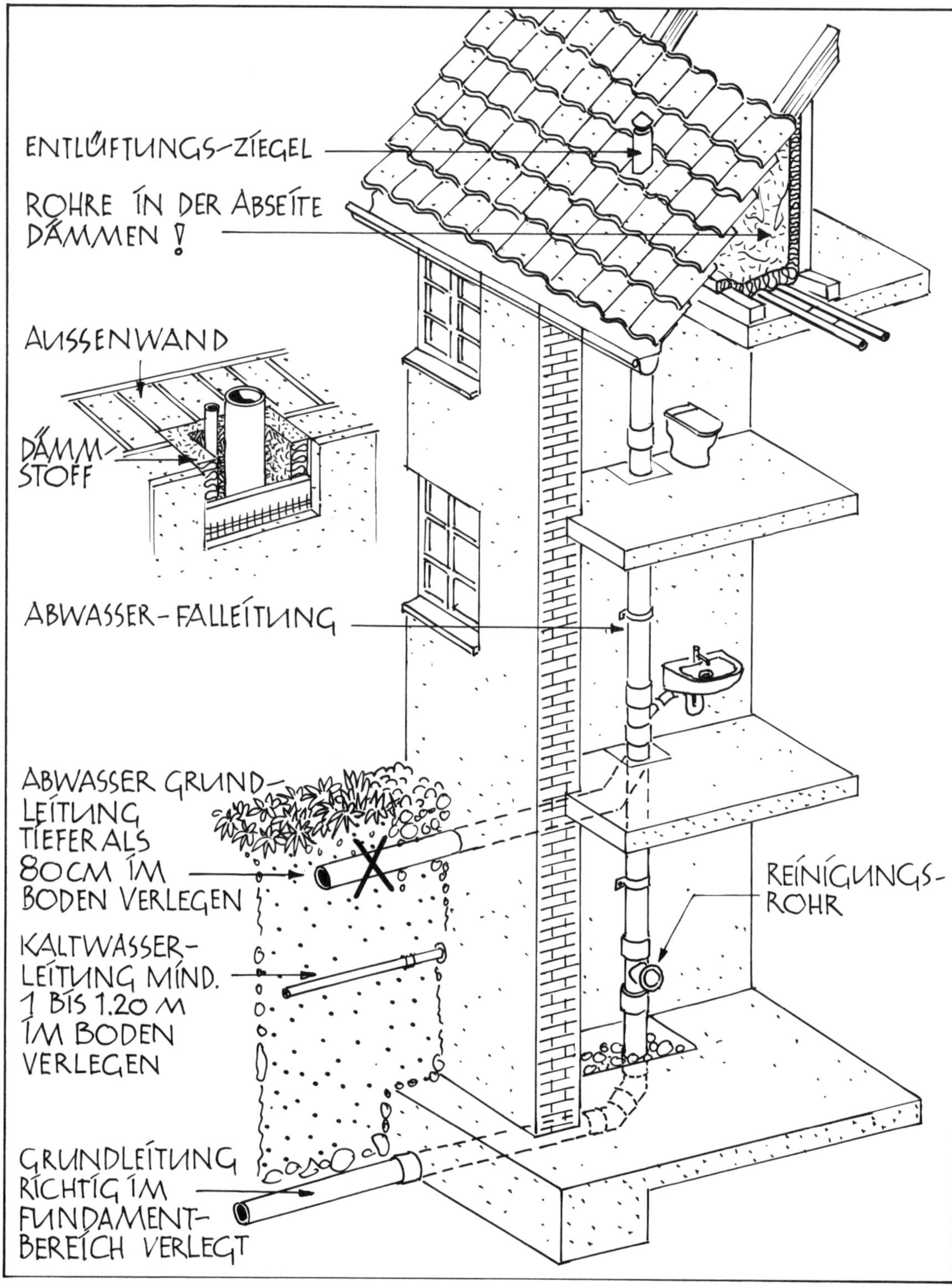
ENTLÜFTUNGS-ZIEGEL
ROHRE IN DER ABSEITE DÄMMEN !
AUSSENWAND
DÄMM-STOFF
ABWASSER-FALLEITUNG
ABWASSER GRUND-LEITUNG TIEFER ALS 80CM IM BODEN VERLEGEN
REINIGUNGS-ROHR
KALTWASSER-LEITUNG MIND. 1 BIS 1.20 M IM BODEN VERLEGEN
GRUNDLEITUNG RICHTIG IM FUNDAMENT-BEREICH VERLEGT

Fehler: Wasserführende Leitungen müssen frostsicher verlegt werden. Dabei muß unterschieden werden, ob in den Leitungen Eigenwärme entsteht (wie in Abwasser-Kanalleitungen) oder Kaltwasser fließt (wie in der Frischwasser-Versorgungsleitung).
Abwasserleitungen müssen nicht so tief wie Frischwasserleitungen im Boden verlegt werden. Oft ist bei Abwasserleitungen das nötige Gefälle nicht ausreichend. In solchen Fällen setzen sich manche Handwerker über die vorgeschriebenen Bodenüberdeckungen hinweg. Mit der Logik „bei Frost regnet es nicht“ werden häufig Regenabwasserleitungen dicht unter der Erdoberfläche verlegt; man vergißt dabei jedoch, daß nach langen Frostperioden der Boden noch eine Weile gefroren bleibt.

Folgen: Frosteinwirkungen können wasserführende Leitungen zerstören oder vorübergehend funktionsuntüchtig machen. Friert zum Beispiel eine Frischwasserleitung ein, verschließt der Eispfropfen die Leitung und verhindert den weiteren Durchfluß des Wassers. Da sich Wasser beim Gefrieren ausdehnt, wird die Leitung „gesprengt“; ein Rohrbruch ist die Folge. Auch Kunststoffrohre werden durch Frosteinwirkung zerstört, obgleich Kunststoffmaterial eine gewisse Elastizität besitzt.

Abhilfe: Frischwasserleitungen in Erdreich sollen mindestens 1,30 m tief verlegt werden. Ist aus technischen Gründen die nötige Erdüberdeckung nicht möglich, muß eine Wärmeisolierung um das Rohr gelegt werden. Diese muß feuchtigkeitsgeschützt sein, da eine durchfeuchtete Isolierung nicht dämmt. Die Industrie bietet werksmäßig isolierte Rohre an.
Bei Schmutzwasserleitungen ist eine Erdüberdeckung von 80 cm ausreichend, da in diesem Rohrsystem eine gewisse Eigenwärme vorherrscht. Warmwassereinleitung und Fäulnisprozesse im Kanalsystem sind hierfür die Ursache. Auch bei diesen Leitungen sind Isolierungen nötig, wenn die nötige Erdüberdeckung fehlt.

Gesetze und Normen: Durchführungsverordnung zur jeweiligen Landesbauordnung
Bestimmungen der örtlichen Abwasserbehörden
Allgemeine Handwerksrichtlinien
DIN 1986: Entwässerungsanlagen für Gebäude und Grundstücke
DIN 18 306: Entwässerungskanalarbeiten

Fehler: Fundamente für nichtunterkellerte Bauwerke müssen genügend tief ins Erdreich eingesenkt werden, damit nicht das Wurzelwerk von in der Nähe stehenden Bäumen die Fundamente unterwachsen, beschädigen und anheben kann.
Dieses betrifft auch Gartenmauern, befestigte Böschungssicherungen, Torpfeiler. Auch bei der Begrünung von Flachdächern ist das Eindringen von Wurzelwerk von der Art der Pflanze abhängig. Normale Kiesdächer sind zur Bepflanzung nicht geeignet.

Folgen: Werden Maßnahmen zum Wurzelschutz vernachlässigt, können die Wurzeln von Bäumen derartige Kräfte entwickeln, daß die Fundamente mitsamt dem Bauwerk angehoben werden.
Ist die Betonqualität der Fundamente minderwertig, können Baumwurzeln durch poröse Bereiche des Fundamentes hindurchwachsen. Die infolge des Wachstums des Baumes stärker werdende Wurzel entwickelt soviel Kraft, daß das Fundament gesprengt werden kann. Pflanzen haben einen „Spürsinn" für das Auffinden von Feuchtstellen; daher sind Klärgruben, Sickerschächte und Leckstellen der Abwasserverrohrung besonders für eindringendes Wurzelwerk anfällig.

Abhilfe: Fundamente im Außenbereich sollen aus vorgenannten Gründen, sowie auch zum Schutz vor Frostschäden, mindestens 90 cm tief in das Erdreich eingesenkt werden.
Die Betongüte soll dem Normenbeton „Beton B 15" entsprechen. Die Fundamente von Bauten aus früheren Zeiten wurden aus Ziegel- oder Naturstein-Mauerwerk hergestellt; dies ist heute nicht mehr zulässig. Der Anstrich gefährdeter Gebäudeteile mit absperrenden Kunststoffen bietet Schutz gegen Wurzelwerk und eindringende Feuchtigkeit.
Da Birken ein besonders aggressives Wurzelverhalten gegen Bauwerke entwickeln, sollte man diese nicht in Gebäudenähe oder auf begrünte Flachdächer pflanzen.

Gesetze und Normen: Allgemeine Handwerksrichtlinien

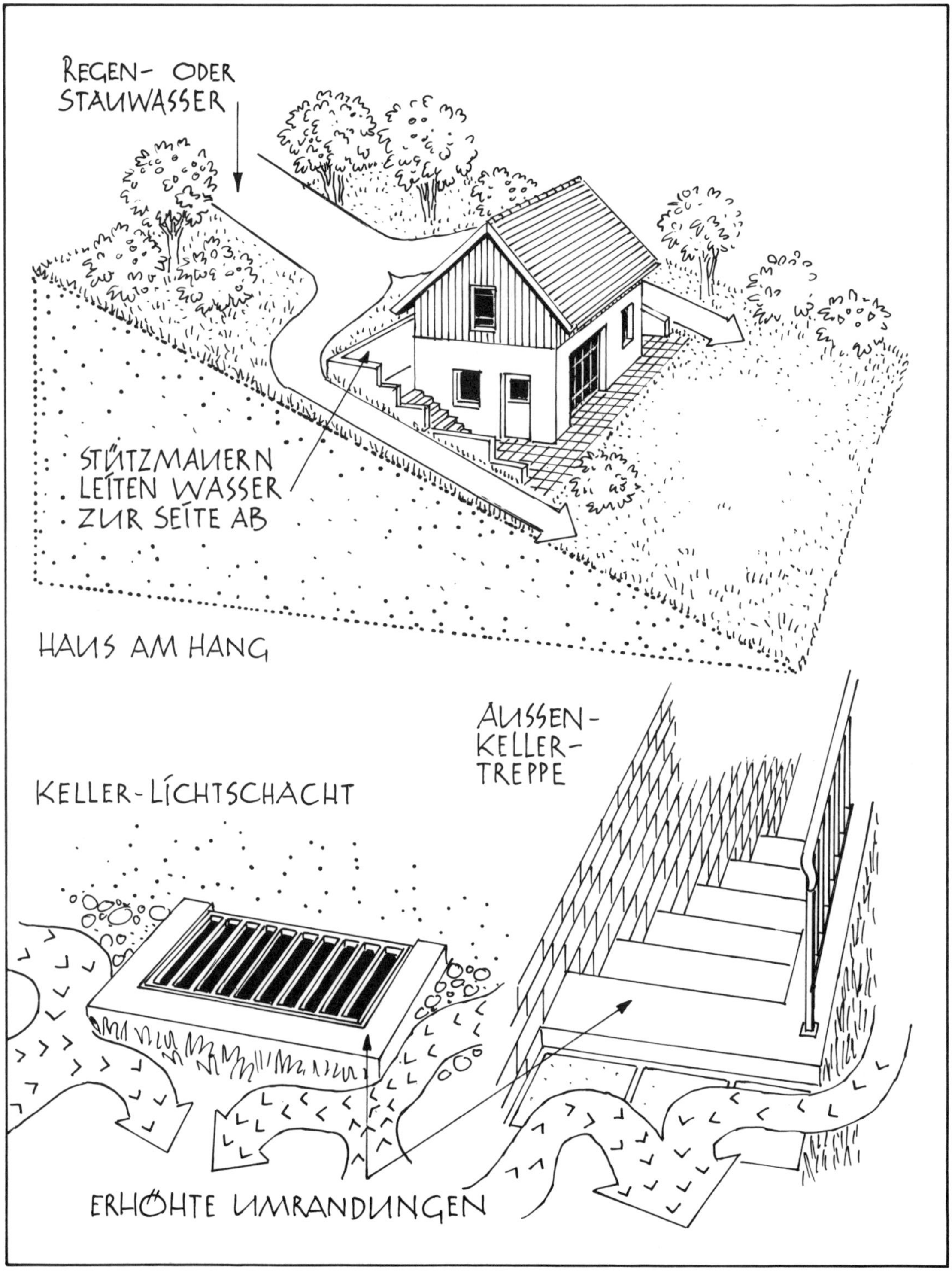
REGEN- ODER STAUWASSER
STÜTZMAUERN LEITEN WASSER ZUR SEITE AB
HAUS AM HANG
AUSSEN-KELLER-TREPPE
KELLER-LICHTSCHACHT
ERHÖHTE UMRANDUNGEN

Fehler: Stauwasser entsteht nur bei längeren Regenfällen, wenn der Boden das Wasser nicht schnell genug aufnehmen kann oder bei Sturzregen. Aber auch die Bodenbeschaffenheit kann zur Stauwasserbildung beitragen, dann nämlich, wenn Ton, Lehm oder Fels das Versickern von Wasser verhindern oder erschweren. Auch gepflasterte Flächen wie Höfe, Wege und Auffahrten können kurzfristig Stauwasser erzeugen, wenn die Pflasterung nicht im richtigen Gefälle und mit entsprechenden Abläufen ausgerüstet ist.
Bei allen Häusern und Grundstücken, die von ihrer Lage und Bodenbeschaffenheit her zu Stauwasser neigen, sind besondere Vorkehrungen nötig: richtiges Gefälle, zusätzliche Drainage, Umrandungen und Schwellen bei Außenkellertreppen und Kellerlichtschächten.

Folgen: Leider zeigen sich die Fehler immer erst dann, wenn es zu spät ist. Ein kurzfristig auftretender Gewitterregen kann schnell dazu führen, daß eine Hoffläche überschwemmt, das Wasser zurückstaut und in den Keller fließt.
Auch kann Oberflächenwasser bei Hanggrundstücken wie ein Sturzbach gegen das Gebäude schießen und dabei Schlamm und Kleingeröll mitreißen und sogar Fundamente und Außenmauern unterspülen. Nicht immer sind die Gebäudeschäden groß, doch auch ein überschwemmter Keller kann sehr ärgerlich sein.

Abhilfe: Bei Hanggrundstücken müssen oberhalb des Hauses Vorkehrungen getroffen werden, die verhindern, daß sich das Wasser sammelt und sturzbachähnlich abläuft und seinen Weg sucht. Waagerechte „Terrassen" bremsen die Wasserflut und Geröllpackungen ab, lassen das Wasser versickern und helfen so gegen Sturzbäche.
Auch Bepflanzungen, die das Fließen von Wasser verhindern und den Mutterboden an Hanggrundstücken gegen Abrutschen sichern, sind wichtig.
Bei Kellerlichtschächten und gefährdeten Hauseingängen sind erhöhte Umrandungen und Schwellen sinnvoll. Man kann zum Beispiel Kellerlichtschächte mit einer zusätzlichen Steinschicht ummauern. Weiterhin empfiehlt es sich, bei allen gefährdeten Punkten für schnellen Ablauf des Wassers (zum Beispiel durch Gullys) zu sorgen.

Gesetze und Normen: DIN 1986: Entwässerungsanlagen für Gebäude und Grundstücke

PLATTEN
SINKEN EIN

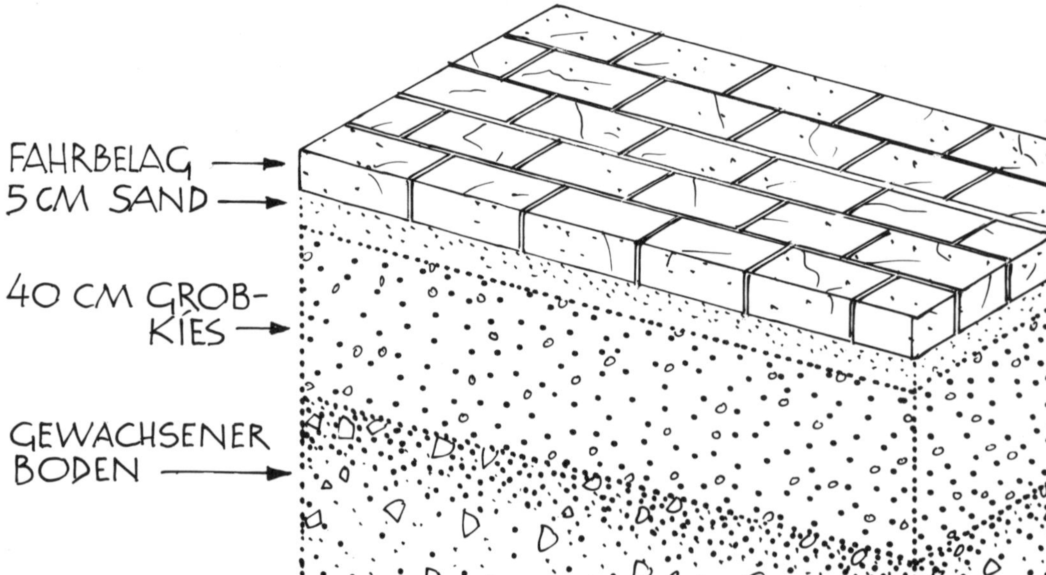
FAHRBELAG
5 CM SAND
40 CM GROB-
KIES
GEWACHSENER
BODEN

Fehler: Zuwege und Auffahrten zu Gebäuden werden nach verschiedenen Methoden befestigt. Die Aufgabe ist jedoch gleich: man will einen gut begeh- oder befahrbaren, auf Dauer pflegelosen, geradflächigen Weg erhalten. Um diesen Ansprüchen zu genügen, müssen bestimmte Voraussetzungen erfüllt sein, wobei der Schwerpunkt im Unterbau des Weges liegt, nicht in der Oberflächenbefestigung.
Als ärgster „Feind" eines Weges sind Frost und Wasser zu nennen. Ein noch so akkurat gepflasterter Weg wird nicht den Winter überstehen, wenn nicht der Unterbau frostsicher ausgeführt wurde. Von weiterer Bedeutung ist, daß der Unterbau in Stärke, Grad der Verdichtung und Material der gewünschten Belastung angepaßt wird.

Folgen: Verlegt man Gehwegplatten in Mutterboden, senkt sich der Beton unter den Platten, da der Mutterboden „lebt" und durch Kleinorganismen locker gehalten wird. Die Feuchtigkeit im sehr feinkörnigen Mutterboden drückt bei Frost die Platten hoch, bei Tauwetter sinkt die Oberfläche in den aufgeweichten Boden ab. Im folgenden Frühjahr ist die gerade verlegte Befestigung völlig uneben und unbrauchbar. Ähnliche Folgen treten bei Verlegung in „bindigen" Böden wie Lehm auf. Auch die Verlegung der Befestigung auf nicht frostsicherem Feinsand kann ähnliche Folgen haben.

Abhilfe: Gut ist ein Unterbau aus Grobkies und Geröll oder Perlkies von ca. 40 cm Stärke. Die Feuchtigkeit im Boden kann sich bei Frosteinwirkung in den Hohlräumen dieses Materials ausdehnen, ohne daß die Struktur des Unterbaus aufgelockert wird (auffriert). Auch kann Regenwasser schnell in tiefere Bodenschichten versickern. Der Unterbau wird mit einer Rüttelplatte verdichtet, danach verlegt man in einer 3 bis 5 cm dicken Sandschicht die Platten oder Steine. Dann verdichtet und begradigt man die Befestigung nochmals mit der Rüttelplatte. Die Oberschicht der Befestigung kann aus Betongehwegplatten von 4 bis 7 cm Stärke, Natursteinplatten oder -pflaster, aus Betonverbundpflaster in 7 bis 10 cm Stärke oder aus Holzpflaster in Stärken von 5 bis 15 cm hergestellt werden. Größere Dicken des Oberbelages erhöhen die Belastbarkeit des Weges.
Bei Garagenauffahrten beobachtet man häufig „Spurrillen" im Weg, die aufgrund der stets auf gleicher Stelle wiederkehrenden Belastungen durch die Räder des Fahrzeuges entstehen. Abhilfe schafft hier eine Magerbetonschicht unter der Pflasterung von ca. 10 cm Stärke.

Gesetze und Normen:
Allgemeine Handwerksrichtlinien
DIN 18 318: Straßenbauarbeiten; Steinpflaster
DIN 18 320: Landschaftsbauarbeiten
DIN 18 367: Holzpflasterarbeiten

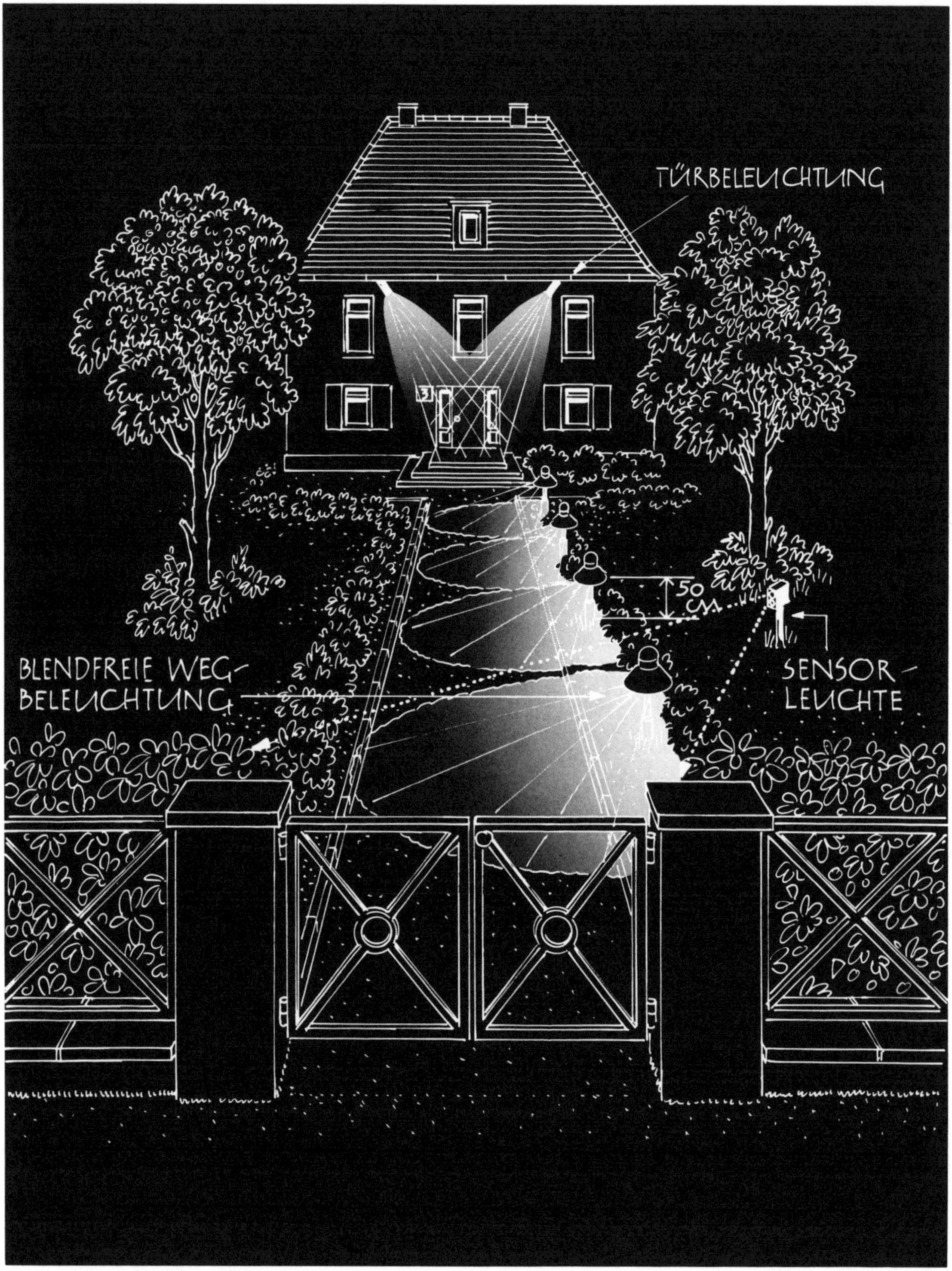
TÜRBELEUCHTUNG
50 CM
BLENDFREIE WEG-
BELEUCHTUNG
SENSOR-
LEUCHTE

Fehler: Es gibt zwar viele dekorative Außenleuchten für Wohnhäuser, aber viele davon erfüllen nicht ihren Zweck. Häufig beleuchtet sich die Lampe lediglich selbst und wichtige Teile von Haustür und Weg bleiben im Dunkeln oder die Lampen blenden, weil zu starke Glühlampen eingeschraubt sind.
Bei Außensteckdosen fehlt meist ein Schalter, mit dem man von innen den Stromfluß sperren kann und nicht immer sind Außensteckdosen auch genügend feuchtigkeitsgeschützt.

Folgen: Ist die Hausnummer nicht beleuchtet oder von der Straße her nicht erkennbar, haben es nicht nur Besucher schwer, in der Dunkelheit das richtige Haus zu finden. Auch für Arzt und Krankenwagen kann es wichtig sein, nicht gerade aus diesem Mangel entscheidende Minuten zu spät zu kommen.
Leuchten, die zu dicht an der Tür montiert sind, können, was kaum bekannt ist, im Sommer Insekten anziehen, die dann beim Öffnen der Tür ins Haus fliegen.
Fehlen Außensteckdosen, so ist nicht nur die Beleuchtung mit mobilen, in den Rasen eingesteckten Strahlern unmöglich, auch elektrische Rasenmäher oder Werkzeuge können nur mit langen Kabeln benutzt werden.
Stehen Außensteckdosen immer unter Strom, bietet man unter Umständen dem Einbrecher gleich Hilfestellung für sein Werkzeug.

Abhilfe: Bei freistehenden Einfamilienhäusern und Siedlungen ohne ausreichende Straßenbeleuchtung ist eine beleuchtete Hausnummer unbedingt erforderlich.
Die Beleuchtung der Eingangstür und des Treppenpodestes sollte über Strahler erfolgen, die von oben den gesamten Bereich gut ausleuchten und den Besucher nicht blenden.
Zur Beleuchtung von Auffahrten und Wegen haben sich niedrige Beleuchtungskörper bewährt, die ca. 50 cm über dem Boden das Pflaster oder den Weg aufhellen und nach oben kein Licht abstrahlen.
Sehr komfortabel sind die modernen Sensorleuchten, die mit einem eingebauten Infrarotsucher Bewegungen auf dem Grundstück erkennen und automatisch dann das Licht einschalten.
Zur Stromversorgung des Gebäudeumfeldes und des Gartens empfiehlt sich die Verlegung eines Erdkabels in 30 cm Tiefe entlang der Grundstücksgrenze. Bei Bedarf kann man dann problemlos Lampen und Steckdosen installieren.

Gesetze und Normen: Örtliche Gemeindeverordnungen
Landesbauordnungen
Allgemeine Handwerks- und VDE-Vorschriften
DIN 5040 Teil 3: Leuchten für Beleuchtungszwecke; Außenleuchten, Begriffe, Einteilung

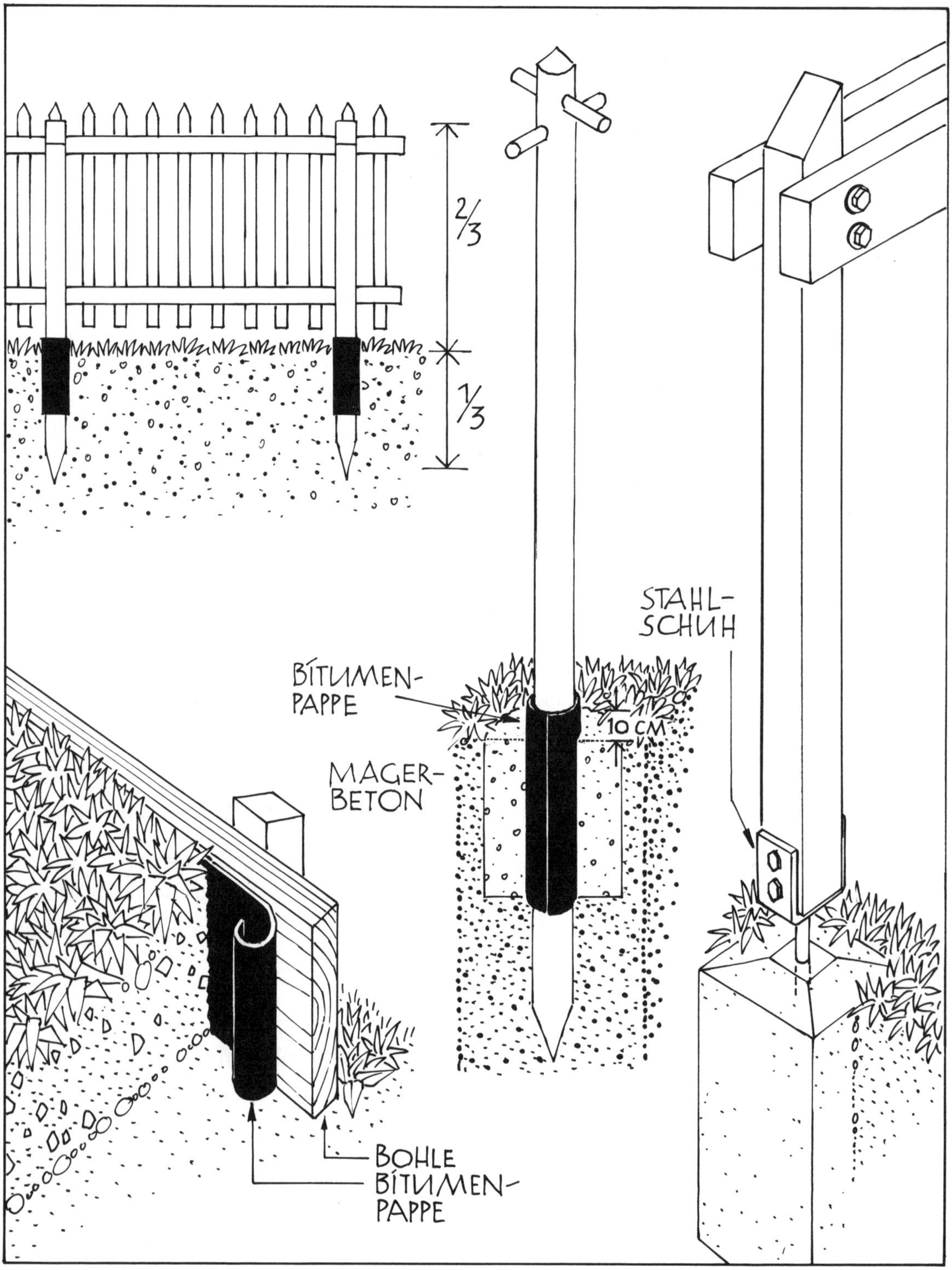
2/3
1/3
STAHL-
SCHUH
BITUMEN-
PAPPE
10 CM
MAGER-
BETON
BOHLE
BITUMEN-
PAPPE

Fehler: Bauteile zur Gartenanlage werden häufig aus Holzteilen hergestellt und zur Befestigung einfach in den Boden eingegraben. Nicht ausreichend berücksichtigt wird dabei jedoch der Schutz gegen Fäulnis sowie die Standfestigkeit. Ein einfacher Anstrich mit Karbolineum schützt nicht nachhaltig vor Fäulnis. Möglichkeiten, die Hölzer auf Betonfundamente mit verzinkten Balkenschuhen zu stellen, werden nicht ausgeschöpft.

Folgen: Zaunpfähle und Pfähle für Pergolen halten den seitlich angreifenden Kräften aus Wind und mechanischen Belastungen nicht Stand, sie bleiben nicht lotrecht stehen oder fallen gar unter der Windbelastung um.
Bei mangelndem Schutz gegen Fäulnis verrotten Nadelholzpfähle innerhalb von 3 bis 5 Jahren im Mutterboden und Spritzwasserbereich, so daß sie erneuert werden müssen.

Abhilfe: Für Zaunpfähle und Pergolenpfähle, die ins Erdreich eingegraben werden, empfiehlt sich die Verwendung von kesseldruckimprägnierten Pfählen mit 10 cm Durchmesser oder mindestens 8 x 8 cm Querschnitt. Um die Standsicherheit zu gewährleisten, sollen Pfähle mindestens 60 cm tief, sonst bei geschlossenen Zäunen 1/3 der Länge eingegraben werden. Der Anstrich des im Erdreich stehenden Teils mit Steinkohlen-Teer ist eine zusätzliche günstige Maßnahme. Harthölzer wie Eiche oder Mahagoniholz sichern eine längere Lebensdauer der Pfähle. Zur Verstärkung der seitlichen Einspannung im Erdreich ist im oberen Bereich des Pfahles eine Anstampfung mit Beton sinnvoll.
Bei sehr starken Seitenkräften können die Pfosten auch als verzinktes Rechteckrohr ausgeführt werden.
Bei Bauteilen, die eine Einspannung in Fundament oder Erdreich nicht erfordern, sieht man Betoneinzelfundamente vor, auf die das Holz in verzinkte Stützenfußanker gestellt wird.

Gesetze und Normen: Allgemeine Handwerksrichtlinien

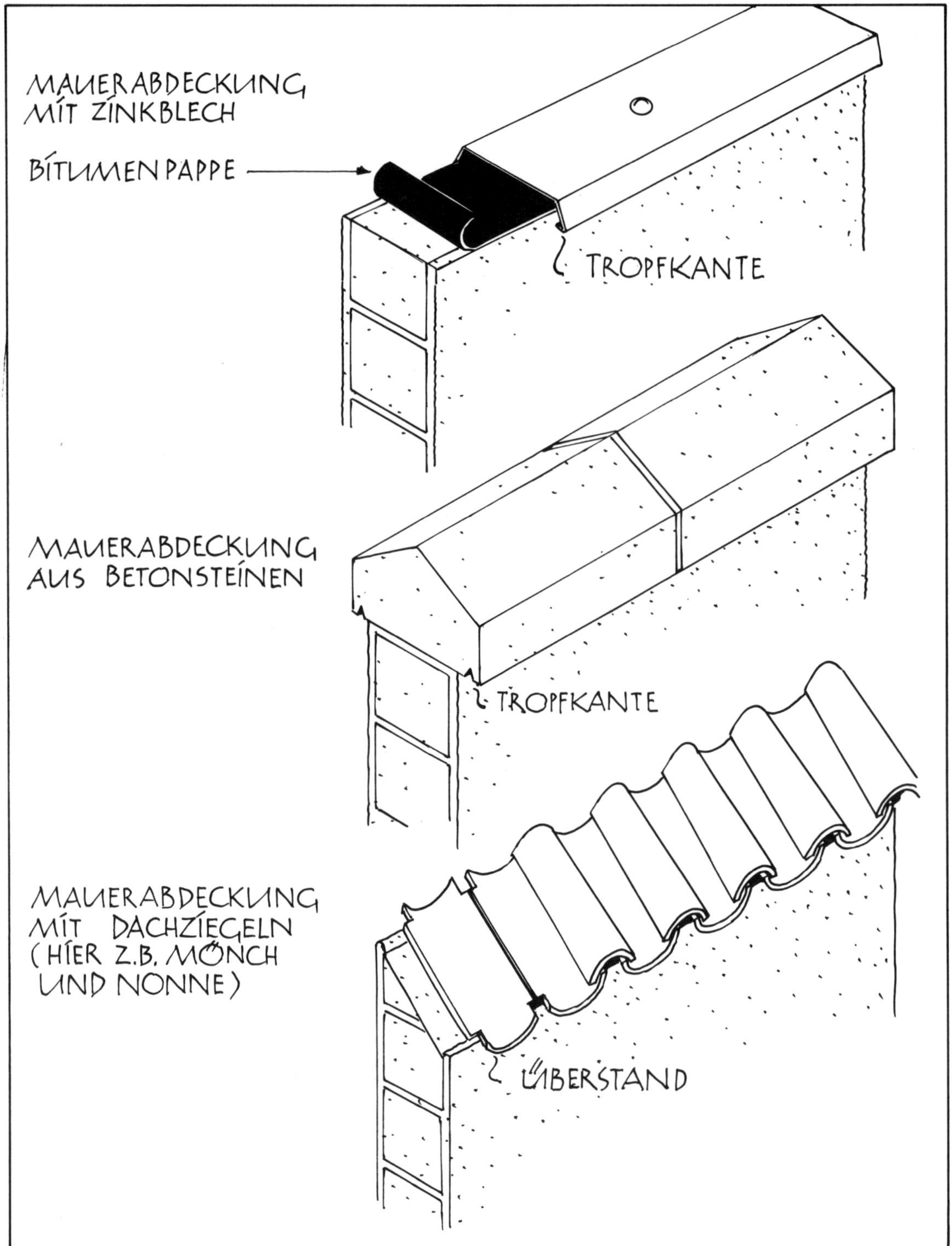
MAUERABDECKUNG
MIT ZINKBLECH
BITUMENPAPPE
TROPFKANTE
MAUERABDECKUNG
AUS BETONSTEINEN
TROPFKANTE
MAUERABDECKUNG
MIT DACHZIEGELN
(HIER Z.B. MÖNCH
UND NONNE)
ÜBERSTAND

Fehler: Freistehende Mauern sind besonders der Witterung ausgesetzt; im Gegensatz zu Mauern von Gebäudeteilen sind sie nicht überdacht. Aus diesem Grund ist bei der Mauerkrone die Abdeckung ein wichtiges Konstruktionsteil für den Feuchtigkeitsschutz. Bei Mauern aus Tonziegel-Sichtmauerwerk wird Feuchtigkeits- und Frostschutz nicht durch das Material allein gewährleistet. Bei verputzten, freistehenden Mauern sind das Eindringen von Feuchtigkeit und damit verbundene Frostschäden durch dichte Abdeckungen zu verhindern.
Auch gegen aufsteigende Feuchtigkeit aus dem Erdreich und Fundament sind Maßnahmen nötig, ebenso gegen eindringendes Spritzwasser im Sockelbereich.

Folgen: Selbst Mauerwerk aus frostbeständigem Verblendziegel kann durch Frosteinwirkung zerstört werden. Tritt an der Mauerkrone Feuchtigkeit ein, bilden sich in Hohlräumen des Mauerwerks „Wasserlinsen“, die bei Frosteinwirkung aufgesprengt werden. Ähnlich ist die Wirkungsweise bei verputzten Mauern. Hier wird der Verputz durch die eingedrungene Feuchtigkeit abgesprengt.
Putz- oder Mauerwerksfrostschäden können auch im Sockelbereich auftreten, wenn dort Feuchtigkeit eindringt. Siehe Sperrschichten!

Abhilfe: Die Mauerwerkskrone muß sicher und nachhaltig vor eindringendem Wasser geschützt werden. Dies kann auf verschiedene Weise geschehen. Ist aus optischen Gründen die Abdeckung der Verblendsteinmauer mit einer Rollschicht (hochkant stehende Mauersteine) vorgesehen, so ist dem Mauermörtel ein Wasserdichtungsmittel zuzugeben; der Mörtel sollte in Mörtelgruppe II/III (Kalkzementmörtel) ausgeführt werden, die Fugen sind absolut vollfugig ohne jegliche Hohlräume herzustellen. Als weitere Sicherungsmaßnahme gegen eindringendes Wasser ist ein Anstrich mit Silikonimprägnierung zu empfehlen.
Als Alternative kann die Abdeckung aus Metall (Kupfer-, Zinkblech) sowie Beton- oder Kunstwerkstein ausgeführt werden. Es ist zu beachten, daß beidseitig eine Abtropfkante entsteht, damit das Regenwasser nicht unter die Abdeckung gelangt.

Gesetze und Normen: DIN 1053: Mauerwerk; Berechnung und Ausführung
DIN 18 330: Mauerarbeiten

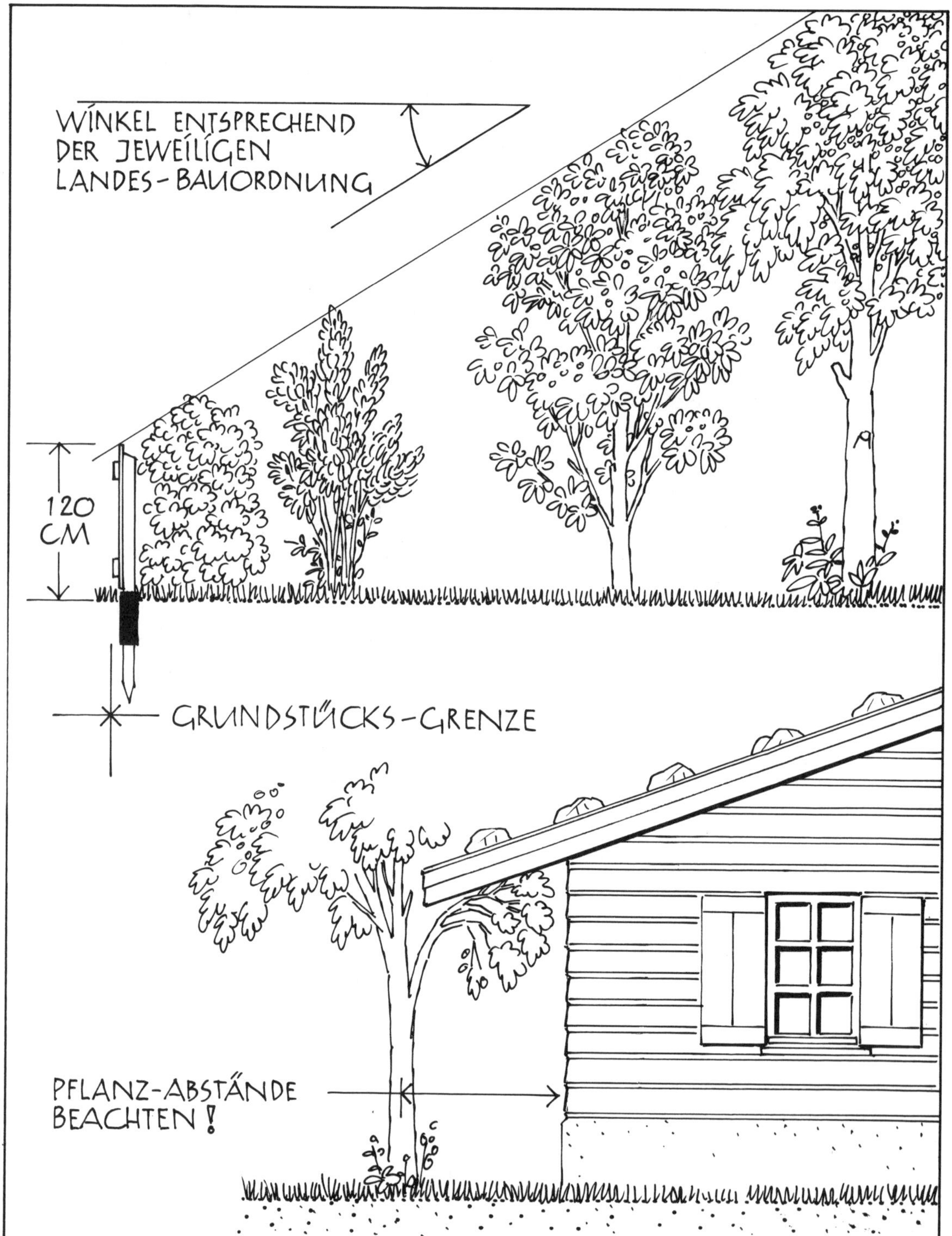
WINKEL ENTSPRECHEND
DER JEWEILIGEN
LANDES-BAUORDNUNG
120
CM
GRUNDSTÜCKS-GRENZE
PFLANZ-ABSTÄNDE
BEACHTEN!

Fehler: Aus Mangel an Wissen um die Belange des Gartens machen Bauherren bei der Neuanlage grundlegende Fehler, deren Folgen sich erst später einstellen. Viele Gartenbesitzer neigen dazu, die Neuanpflanzung zu dicht anzuordnen und übersehen dabei, daß sich nach einigen Jahren das gesamte Bild verändert. Die Pflanzung am richtigen Standort, sonnig oder im Schatten, vor Fenstern oder Wandflächen, dicht am Haus, inmitten einer freien Fläche oder an der Grundstücksgrenze, in Gruppen oder alleinstehend, wird falsch gewählt.

Obwohl Pflanzen bestimmte Ansprüche an den Boden stellen, werden oft die entsprechenden Vorbereitungen nicht getroffen.

Das Wachstum der Pflanzen ist unterschiedlich: einige Pflanzen wachsen langsam, andere schnell, diese hoch, jene breitflächig; auch das ist schon beim Anpflanzen zu berücksichtigen.

Folgen: Erst nach Jahren stellen die Bewohner fest, daß Pflanzungen Fensterflächen versperren und Wegfreiräume einengen. Schnell wachsende Bäume stoßen unter Dachüberstände, die Sonnenterrasse wird von wuchernden Bäumen schattig gehalten, langsam wachsende Pflanzen werden von anderen überwuchert und erdrückt, die Blütezeit der Pflanzen ist nicht über das ganze Jahr verteilt, einzelne Pflanzen verkümmern, weil die erforderlichen Bodenverhältnisse nicht geschaffen wurden.

Abhilfe: Bevor Aktivitäten im Garten stattfinden, muß Fachwissen über Pflanzen, Wachstum, günstigen Standort, Bodenverhältnisse, Blütezeiten gesammelt werden. Ein skizzenhafter Gartenplan ist sehr hilfreich. Zuerst ist zu überprüfen, welche der vorhandenen Pflanzungen erhalten werden sollen, welche zurückgeschnitten und welche umgepflanzt werden können. Anhand von Pflanzenkatalogen werden die zu ergänzenden Pflanzen nach Art, Blüte usw. in die Gartenskizze eingetragen und die gewünschte Pflanzgröße bestimmt.

Günstig ist es, wenn der Garten so bepflanzt wird, daß das ganze Jahr über etwas Blühendes oder Interessantes zu sehen ist. Sogenannte „Container-Pflanzen“ haben sich mit gutem Anwachsverhalten bewährt. Ihr Gartenpflanzenlieferant wird sicher mit Tips zur Verfügung stehen.

Aus Gründen des Umweltschutzes sollte man die Wahl und Dosierung von Düngemitteln mit Gartenfachleuten besprechen.

Gesetze und Normen: DIN 18 320: Landschaftsbauarbeiten

SCHLUSSWORT

Der beste Schutz ist frische Luft

Wer die aufgezählten Bauschäden aufmerksam studiert hat, dem wird immer wieder eines aufgefallen sein: Was Häuser am meisten belastet, ihre Bausubstanz zerstört, Fugen aufplatzen und Schimmelpilz wachsen läßt, ist Feuchtigkeit. Sie kommt meist nicht von außen sondern überwiegend aus der warmen Raumluft, die, dem Gesetz der Natur folgend, um so mehr Feuchtigkeit aufnehmen kann, je wärmer sie ist. Deshalb spricht man auch von der relativen Luftfeuchte.

Ein falsch gebautes Haus kann zwar mit moderner Technik „am Leben“ erhalten werden, das bedeutet jedoch permanente Instandhaltung und dementsprechend hohe Unterhaltungs- und Betriebskosten.

Dabei gibt es ein „Naturheilmittel“, das überall zur Verfügung steht und darüber hinaus auch noch kostenlos ist: frische Luft!

Sie kann das Haus und alle Bauteile gleichermaßen gut vor Feuchtigkeit und Fäulnis schützen, Regenwasser austrocknen und feuchtwarmes Raumklima, das neben dem Haus auch seine Bewohner belastet, regenerieren.

Frische Luft kommt ganz von selbst ins Haus. Man muß ihr nur den Weg öffnen durch buchstäblich freizügige Konstruktionen und im Bewußtsein, daß die eigene Gesundheit und ein trockenes Haus höherwertige Güter sind als ein paar Liter eingespartes Heizöl.

Frische Luft muß das gesamte Haus fortwährend durchspülen können. Nicht als unangenehme Zugluft, sondern unmerklich und fein dosiert, wie es die Baumeister von früher verstanden und beherrschten.

Wer in seinem neu erworbenen Altbau aus Unkenntnis und in der Vermutung, Energie zu sparen, Lüftungsöffnungen zustopft, sollte zumindest eine Heizperiode lang sorgfältig kontrollieren, ob sich nicht Veränderungen an Haus und Bewohner einstellen.

Feuchte Flecken in verborgenen Ecken sind die ersten Anzeichen für gemachte Fehler, Schimmelpilz und Hausschwamm dann die Folgen.

Schon während der Bauzeit eines Hauses beginnt die Natur mit ihrem Zerstörungswerk. Deshalb muß man „mit“ und nicht „gegen“ die Natur bauen. Wer die Naturgesetze nicht beherrscht oder sie gar zu überlisten versucht, indem er zum Beispiel die Wärmedämmung nach innen legt und somit die Außenwände von der Wärme aus der Heizung absperrt, der muß schnell einsehen, daß auch moderne Baustoffe das Haus nicht vor Schaden bewahren.

Die Physik läßt sich nun einmal nicht auf den Kopf stellen und macht auch vor Sperrfolien auf Dauer nicht halt, sondern findet ihren Ausgleich auf anderem Wege und in anderen Bauteilen.

Erlauben Sie mir jedoch auch auf eine mögliche Fehlerquelle, die durch die Lektüre dieses Buches entstehen kann, hinzuweisen: die Gefahr der Selbstüberschätzung.

Auch heute muß ein Maurer, Fliesenleger, Tischler oder Zimmermann drei Jahre lernen, um sein Handwerk zu beherrschen. Architekten und Ingenieure müssen nach ihrem Praktikum mindestens weitere drei Jahre Studium auf sich nehmen, um in ihren Beruf einsteigen zu können.

Daher will ich den Fehlerauflistungen einen weiteren hinzufügen, der in den Auswirkungen genauso gravierend sein kann, wie die eben beschriebenen Baufehler.

Fehler: Leider gibt es eine Reihe von Büchern auf dem Markt, die dem Bauherrn und Hausbesitzer suggerieren, daß man auch als Laie die Technik des Hausbaus schnell erlernen kann, und dann wie ein Profi die Organisation und den Bauablauf in den Griff bekommt. Das ist ein Trugschluß. Ebenso der, der die in der Lektüre dargestellten Konstruktionen und Details als einzig verbindlich betrachtet. Wer dann noch wie ein Oberlehrer, mit dem Fachbuch in der Hosentasche, über die Baustelle wandert und kluge Ratschläge gibt oder Kritik äußert, wird nur selten sein Ziel, nämlich mängelfreie Arbeit, erreichen.

Folgen: Beim Bauherrn führt es zu Zweifel und Mißtrauen, wenn anders gebaut wird, als im Buch dargestellt.
Berechtigte Gegenargumente des Fachmanns werden nicht verstanden und nur allzu leicht als Entschuldigungen abqualifiziert.
Beim Fachmann führt es zur Verärgerung, wenn ein Laie, aus seiner Sicht unmotivert, seine fachliche Qualifikation anzweifelt.
Meist sieht er in dieser Beeinträchtigung auch ein Risiko für die Bauausführung, das er damit abdecken wird, daß er die Arbeiten in der Vorkalkulation direkt ein wenig teurer macht. Oder er stellt im nachhinein an anderer Stelle Mehrkosten für erhöhten Aufwand in Rechnung. Beides kann ein Laie nur schwer erkennen oder gar beweisen.
Schlimmer noch ist, daß damit ein Arbeitsklima vergiftet wird. Die Folge wird sein, daß Bauausführende langsamer arbeiten und vor allem, mit eigenen guten Ideen zurückhalten.

Abhilfe: Es ist durchaus wichtig, sich sachkundig zu machen. Jedoch soll man die Begriffe sachkundig und fachkundig nicht zusammenwerfen. Der Architekt, Bauingenieur oder Bauhandwerker ist der Fachmann, der durchaus zur Kooperation bereit ist, wenn ihm seine Qualifikation nicht abgesprochen wird.
Bei ihm unbekannten Konstruktionen und Ausführungen soll der Bauherr durchaus den Sinn hinterfragen und auch nach den Vorzügen gegenüber der im Buch dargestellten Lösung.
Doch eins sollte der Bauherr nie sein: rechthaberisch und sich bar jeglicher Fachkenntnis und Erfahrung zum Besserwisser aufspielen.

In Hinblick auf diesen „61. Fehler“ will ich hier noch einmal betonen, daß dieses Buch zwar praxiserprobte Maßnahmen zur Mängelbeseitigung aufzeigt, aber diese nicht den Anspruch erheben, die einzig verbindlichen Lösungen zu sein.
Es gibt noch viele Konstruktionen und Baudetails, die im individuellen Einzelfall sogar Fehler besser und nachhaltiger beseitigen können, als die hier dargestellten.
Das liegt allein schon daran, daß es mein Bemühen war, die Baufehler, die mir in meiner täglichen Praxis immer wieder begegnen, so darzustellen, daß sie unabhängig von der speziellen Bauausführung und Detailkonstruktion erkennbar werden.
Denn meine Intention ist es, Ihnen eine Checkliste für die Problemzonen am Haus an die Hand zu geben, die für Neubau, Altbau und Fertighaus gleichermaßen Gültigkeit besitzt und auf die Grundregel der einfachen Konstruktion abzielt.
Dabei ist diese Grundregel jedoch in der Einschränkung der Ungereimtheiten der heutigen Bauausführungen und Bauvorschriften zu sehen.
Wie bereits in der Einführung erläutert, blicken nicht wenige Fachleute und Architekten mit Neid und Verwunderung auf die Bauten unserer Vorfahren.
Ohne das Wissen über Bauchemie und ohne die heute üblichen Dämmstoffe wurden bis in die 30er Jahre Häuser gebaut, die nicht nur weitaus weniger Bauschäden als heutige Gebäude aufwiesen, sondern die wirklich Generationen überdauerten.
Das muß zu denken geben, auch im Hinblick auf die gültigen Bauvorschriften, nach denen die alten Häuser nie genehmigt worden wären.
Es sollte auch nachdenklich stimmen, daß der Einsatz des besten „Naturheilmittels“ durch die Bau- und Energiegesetze nicht gerade gefördert wird.
Waren früher Tür- und Fensterrahmen für eine natürliche Belüftung ausgerichtet, so machen heute Dichtungsstreifen, die Vorschrift sind, diese einfachste Konstruktion zunichte.
Doch die Diskussion über die Vor- und Nachteile der verschiedenen Baumethoden ist müßig, solange nicht einmal in Fachkreisen Einigkeit darüber besteht, was der beste Gebäudeschutz ist.
Wenn dieses Buch dazu beiträgt, die vielen Faktoren, die beim Bau eines Hauses zusammenwirken, anschaulich und besser verständlich zu machen, hat es sein Ziel erreicht.
Denn wer nach diesen Erkenntnissen der Zusammenhänge baut oder renoviert, ist auf Dauer sicherer vor Schäden, als wenn man lediglich weiß, daß alle Vorschriften und Normen im Detail eingehalten wurden.

STICHWORT

Absperrschieber 94
Abwasserrohre 90, 122
Auffahrten 130
Ausblühungen 44
Außenbeleuchtung 132
Anstrich 46, 112
Außenputz 48

Balkon 26
Baugrund 10
Bitumendach 16
Bodengutachten 10
Bodenprobe 10
Brüstung 78

Chemikalien 48, 112

Dachdichtung 50
Dachüberstand 22
Dampfdiffusion 18, 46, 62
Dampfsperren 60, 100
Dämmschichten 14, 26, 64, 66
Deckenputz 24
Dehnungsfugen 14, 16, 34, 48
Dichtungsmasse 50
Drainage 120, 128
Druckminderer 94
Durchbiegungen 24

Elastizität 12, 70, 72
Elektrolyse 32
Entlüfter 18
Erdung 92
Estrich 64, 70

Fenster 36, 80, 100, 106, 114
Feuchtigkeits-Schäden 22, 26, 28, 42, 44, 50, 72
Feuchtigkeits-Sperre 40, 104, 136
Feuchtigkeits-Ableitung 48, 104, 110, 130
Filter Wasser 94
Fittings 84
Flachdach 16, 18, 126
Flächengründung 12
Fliesen 72, 74, 76
Fließgeräusche 88
Flugschnee 50
Fußkälte 106
Frostschäden 22, 50, 126, 130, 136
Frostschutz 124, 130
Fundamente 12, 126, 128
Fußboden 70

Gartenplan 138
Gasfeuerstätten 114
Gauben 32
Giebelanker 56
Gesimse 32
Gipskarton-Platten 68
Glasscheiben 54

Heizkessel 108, 110
Heizkörper 106
Heizungsregelung 108
Heizkurve 108
Holzbalken 24, 64, 70, 72
Holzfaser-Dämmplatten 64

Imprägnierung 48, 52, 72, 110, 134
Innendämmung 62, 104
Isolierglas 54, 80
Isolierung 86

Kachelofen 108, 116
Kamin 110, 116
Kaltdach 18, 20
Kältebrücke 26, 36, 42
Keller-Ausbau 104
Keller-Fenster 34, 78, 128
Kondensat 20, 54, 60, 62, 86, 104, 110
Konvektion 106
Kopfbänder 56
Korrosion, galvanische 32, 84
Kupferblech 32, 50
Kupferrohr 84
Kühlrippen 26

Lampen 96
Leichtbauwände 60, 64, 66
Leuchten 96, 132
Luftaustausch 100
Luftfeuchtigkeit 20, 102, 104
Luftschicht 42
Lüftung 20, 40, 42, 54, 62, 100, 114
Lüftungsquerschnitt 20, 52, 114

Mauerwerk 14, 36, 38, 40, 44, 126, 136
Mischbatterie 88
Montageschaum 36
Mörtel 44, 74, 136

Opfer-Anode 84

Pflasterung 130

Raumklima 100, 104, 106, 110
Riegel 80
Risse 10, 14, 16, 24, 38, 48, 52, 64, 68, 72, 126
Rohrisolierung 86
Rohrquerschnitt 88

Schalldämmung 66, 70, 88, 90
Schimmelpilz 60, 62, 100
Schlösser 80
Schlüssel 80
Schornstein 50, 110, 116
Schweißbahn 18
Setzungen 10
Sicherheit allgemein 78
Sicherungen, elektrische 92
Sichtmauerwerk 44
Sohlplatte 12
Sollbruchstelle 24
Sperrfolien 40
Sperrschichten 40
Stauwasser 128
Steckdosen 92, 132
Stromkreise 92
Strömungsgeräusche 88
Sturz 38

Thermosflascheneffekt 102
Thermostatventil 88, 108
Türen 36, 80, 114
Tragfähigkeit 10
Treibhausklima 102
Treppengeländer 78
Trittschall 70
Tropfkanten 28, 136

Verblendschale 14, 40
Verbrennungs-Luftverbund 114
Verbretterungen 52
Verfugung 44, 72
Vorhangfassade 28

Warmdach 18
Warmwasserleitung 84, 122
Warmwasserspeicher 84
Wärmedämmung 42, 54, 60, 62, 102, 104
Wasserleitungen 84, 88, 94, 124
Wasserschenkel 28
Winddruck 34, 56, 134
Windstreben 56
Wurzelschutz 126

Zinkblech 32, 50